别让惯性思维骗了你

常亚北 著

宁波出版社
NINGBO PUBLISHING HOUSE

图书在版编目（CIP）数据

别让惯性思维骗了你 / 常亚北著. — 宁波：宁波出版社，2017.3

ISBN 978-7-5526-2743-5

Ⅰ. ①别… Ⅱ. ①常… Ⅲ. ①思维形式—通俗读物 Ⅳ. ①B804-49

中国版本图书馆 CIP 数据核字（2016）第 296023 号

别让惯性思维骗了你

BIE RANG GUANXING SIWEI PIANLE NI

著　　者 常亚北
出版发行 宁波出版社
（宁波市甬江大道 1 号宁波书城 8 号楼 6 楼　邮编：315040）
网　　址 http://www.nbcbs.com
出版策划 沐文文化
责任编辑 俞　琦
特约编辑 木　梣
责任校对 刘佳佳　余怡荻
装帧设计 仙境书品
印　　刷 北京中印联印务有限公司
开　　本 787mm×1092mm　1/16
印　　张 15
字　　数 185 千字
版　　次 2017 年 3 月第 1 版
印　　次 2017 年 3 月第 1 次印刷
标准书号 ISBN 978-7-5526-2743-5
定　　价 39.80 元

前言

当世界上各个地方的每一天都在进步或改变的时候，你还要坚持一成不变吗？你还要固守着自己的思维模式止步不前吗？你还要在原地踏步吗？

或许，你的内心无时无刻都在想着改变自己的现状，期待有一天能够功成名就，可是，你早已习惯了原有的思维模式，一想到改变，就会愁肠百结，望而却步，进而消磨掉改变的动力。

很多人拼尽全力依然一事无成，那么这显然与努力程度无关。很多人是被惯性思维限制了行动。每个人所能到达的高度取决于思维的宽度和广度。如果在某一个方向或在某一个点上无论付出多少努力最后都停滞不前，那么是时候换一种思维方式，换一个方向重新开始了。没有什么事是应该怎样做或必须怎样做，所谓世事常理，只是一种惯性思维，而不是每件事的行事准则。

因此，我们要想不被惯性思维所束缚，就一定要改变思维，学会灵活应对生活中的人和事。千万不要让惯性思维阻碍了我们前进的脚步。

目录

第一章

惯性思维，让你总是与成功擦肩而过

惯性思维，让你无法认清自己

我们习惯用常规的方式来思考问题，把自己和前人的知识以及经验当成模板，以期在解决同类或相似问题时能够省时省力，免去摸索的麻烦，久而久之，就形成了惯性思维。惯性思维属于一种僵化的思维模式，它是一种妨碍和束缚人类自由思考的思维习惯。一旦你的思维进入了这种模式，思想就会变得机械呆板，想象力和创新思维受到抑制，使你无法摆脱条条框框的限制，做出一些愚蠢可笑的事情，甚至导致决策的重大失误，令你对自身能力产生怀疑，甚至抱憾终身。

在美国，著名的科普作家兼科幻小说家阿西莫夫博士向来以思维缜密、想象力丰富而闻名于世，这点也是他最引以为傲的地方。有一天，一个汽车修理工人为了考验他是否名副其实，向他提出要考验他一番的请求，阿西莫夫博士自恃学识渊博，想也没想就点头答应了，因为他内心里认为，这个修理工人不过是自取其辱罢了！

于是，修理汽车的工人说道："有一位既听不见又讲不出话的残疾人去一家五金店想要购买一包铁钉，于是，这个聋哑人对五金店的售货员比画了一个手势，左手伸出2根手指，右手握拳用力敲击左手手指。售货员思索了一番，于是为他找来了一把铁锤。这名聋哑人摇了摇头，又向他晃晃2根手指，售货员这才明白他想要的原来是铁钉，于是为他找来铁钉，聋哑人这才微笑着结账走人。没过多久，有一个双目失明的人想要到五金店购买一把剪刀，他应该怎么办才好呢？”

阿西莫夫博士认为这个问题根本不需要费脑筋思考，他不假思索地回答道：“只要像那个聋哑人一样用手摆出剪刀的形状不就解决了。”结果引来汽车修理工人的奚落，工人笑着说道：“你错了，盲人想要购买剪刀，只需要开口说话就行，哪里还需要做什么手势呢？”

学识渊博的阿西莫夫反而比不上文化程度低的汽车修理工在思维方面上的灵活度，这难道说明学到越多的知识，就会增加越多的负累，甚至更容易掉进惯性思维的陷阱吗？很明显，这种认识是片面的。知识与经验都存在好的一面，也存在不好的一面。好的一面是帮助我们更好地成长，不好的一面是在长期学习的过程中养成了思维定势，从而禁锢了我们的思维。当然，这绝对不能当成我们不去学习的借口，至于你是否会被惯性思维所约束，主要在于你在思考问题的时候是否只知道做惯性思维的傀儡，却不知道改变。

在某个实验室内，一名实验员拧开水龙头，往一个玻璃水槽里注水，不一会儿，玻璃水槽就快要满了，当实验员准备关闭水龙头时，却发现水龙头竟然坏掉了。如果任由水继续流淌，工作台上就可能发生水灾，尤其是工作台上的仪器内还盛装了一遇空气就会自动燃烧的化学药剂，只要沾水，就会发生剧烈的爆炸。实验员们一想到自己即将葬身于一片火海就吓得脸色苍白，他们深知几乎没有逃生的希望，毕竟化学药剂从爆炸到起火不过是一瞬间的事！这时候，一位实验员试图用手堵住不断流水的水龙头，然而不起任何作用，他绝望地留下了泪水，当时，整个实验室都在等着死神的到来。

就在这万分危急的时刻，一名女性实验员连忙拿起一根捣药杵用尽全力向玻璃水槽砸去，把水槽底部砸出一个洞，才使得水流不至于满溢到实验桌上，这一行为使得这场危机就这么轻而易举地被化解了。

那个试图堵住水龙头的实验员被惯性思维束缚住，总以为要想使实验室解除危机，只能关掉水龙头，可是一时之间，坏掉的水龙头却无法关闭，于是他便绝望了。可是，那名急中生智的女性实验员却挣脱惯性思维的束缚，不走寻常路，在无法关闭水龙头的情况下，砸穿玻璃水槽的底部，让水往下流化解了危机，使大家都幸免于难。

惯性思维总是扰乱人的判断，让人空耗心力，遇到新情况和新问题就束手无策，浪费宝贵的时间以及大量的财力和物力。有一年，美国航天局的航天飞机上有一个零部件故障频出，为了解决这一技术问题，花费了很多人力、物力，但是那个零部件仍是问题不断。后来有位工程师提出了一个打破常规的方案——弃用这个零部件。事实证明，少了这个零部件航天飞机完全可以正常运作，这说明其实它是多余的，只是之前没有人想到这一点。

对于个人而言，惯性思维是你前进道路上的羁绊，当你的头脑被定势思维占据时，你就会变得短视和愚钝，即使有更好的解决方案也不敢尝试，使得事业难有进展和突破，在生活中常被一些易于解决的问题难倒，工作和生活都很不如意。那么我们应该如何打破惯性思维呢？

1. 解放思想，培养自己的创新思维

把思想从以往的惯性中彻底解放出来，用崭新的创造性思维来思考问题，不拘泥于之前的习惯和经验，不为思维定势所累，大胆突破常规，敢于闯入无人尝试的盲区，积极探索新的解决办法，改变固守一隅、坐以待毙的消极态度。

2. 突破旧的思考模式

如果常规方法不能解决问题，不妨摒弃旧的思考方式，换个角度来思考问题，所谓“横看成岭侧成峰”，同一个事物在不同的角度会呈现出不同的风貌，多角度地看待问题，更有利于你窥见事物的全貌和真貌，不要遵循原有的思考模式，跳出旧的思路，你才能寻找到灵感的火花，才能开辟出新的路径。

3. 善用经验，发挥创造性的能力

经验如果能被妥善利用，将成为一种资源，在遇到新问题时，可以对原来的解决之道灵活地做出一些变换，例如在固有的方案中添加一些新元素或减少一部分内容，抑或是融入自己的灵感，创造性地拟订出新的解决方案。

反思自己的“霍布森门”

在1631年，一个叫霍布森的商人生活在英国剑桥这座城市里。当时他做的生意是出租与买卖马匹。在他的马厩里可以看到一个特别的门，在别人来与他做生意的时候，他都会告诉别人：“只要你能将一匹马拉出我设置的门，就可以以一个很低的价格买下或是租得你所拉出的那匹马。”

很多人闻声之后都来跟他做生意。霍布森所设置的门是有着特别之处的，凡是大的、肥的马是无法通过的，只有小的、瘦的可以。尽管如此，还是有很多人买下了只能通过那扇门的马匹。对于这个没有任何选择余地的门，大家都讽刺地称之为“霍布森门”。

在日常生活中，人们往往也会面对没有选择余地的事情，但还是有很多人遵从这种无奈的规则做出了自己的选择。在管理学上，有这样一种说法：“当看上去只有一条路可走时，这条路往往是错误的。”的确，在没有选择的情况下，人们无法做到择优，更没有决策可言。

在上面的“霍布森门”事件中，人们做出选择之后，就不会再去考虑这种选择正确与否，而只是认为这种选择是最好的。在这种情况下，人们不会再有新的想法，更不会去想办法创新。因此，这种没有选择的选择往往是一个陷阱，对人的发展没有好处。

所以，鉴于这种教训，在以后的工作、学习或者是生活中，我们不应该仅仅局限于固有的思维模式，而应当做出相应的改变，只有这样，才能避免“霍布森门”这种结果的出现。要想得到我们自己想要的结果，我们应根据自己的生活经验和生活阅历，不断地进行创新，最终做出最有利于自己的选择和决定。

美国经济学家威廉·鲍莫尔曾经这样说：“在高科技产业中，竞争是非常激烈的。如果想在这种环境中生存下来，企业应该在力所能及的范围内投入资金，不断开发新产品，只有做到创新，才能反败为胜。否则只能是无动于衷、坐以待毙。”

对于个人来说，如果陷入“霍布森门”的困境，就不能发挥出自己的创造性。道理很简单，任何好与坏、优与劣，都是在对比选择中产生的，只有拟定出一定数量和质量的方案对比选择、判断，才能做出对自己最有利的决定。只有在许多可供对比选择中进行研究，并能够在对其了解的基础上进行判断，才算得上良好的判断。因此，没有选择余地的“选择”，就等于无法判断，就等于扼杀创造。

平时生活中，我们要不断创新，不断激发自己的思维，而不要局限于现有的局面，束手无策。

曾经有一个偏僻的山村，村中的居民都以红薯为食。在红薯大丰收的时候，当地人就会特别不爱惜，吃剩的红薯皮也随意乱扔。当时，只有一个老汉把红薯皮留下来了，而且还去捡别人剩下的。

看到老汉如此生活，邻居们都嘲笑他。但他不以为然。多年之后，此地大旱，庄稼颗粒无收，人们没有粮食，大都饿死了。但老汉依靠之前的红薯皮存活了下来。

世界上没有不值钱的东西，财富除了创造，亦可寻觅其他途径，而不是仅局限于在现有的空间里寻找出路。

纪德曾经说过："行人很多的路上不会有什么危险，但是这条路上也不会有太多的猎物。"

因此，我们千万不要盲目跟潮流，要预见到社会的需要，来锻炼和培养自己。

无论在什么情况下，一定不能被固有的思维模式所左右，否则只能陷入"霍布森门"的困境。所以，一定要打破思维定势和思想僵化的局限。

当面临众多选择的时候，我们一定要敢于突破惯性，否则很容易做出错误的选择，有些错误选择甚至会导致非常糟糕的结果。只有做到创新，才能开拓出一片广阔的天地。

思维定势会让你在失败里心安理得

在现实中，因为一些习惯、规则的存在，遵守规则便成为一种生活智慧，这种生活智慧却在发明创新上变成一种阻碍、一道心理枷锁，阻碍着人们突破常规思维，开创新的人生天地。

威廉·布莱克说过：“打破常规的道路指向智慧之宫。”

一辆卡车被卡在了立交桥底下。交通警察和围观的人们都过来了，大家都在想办法。

“把卡车上面的一部分去掉怎么样？”一个老人半开玩笑地说。可那是一个精美的雕像。

“把桥拆掉吧。”一个男人说，“不过卡车司机可办不到。”

没有一个办法能够解决这个问题。

一个孩子看了看，说出了自己的想法：“把卡车的轮胎放了气会怎么样呢？”

当人们从卡车被卡的上半部分去考虑问题的时候，他们就已经跳入了一个惯性的思考方式之中：问题的解决可能并不在卡车的上半部分。小孩的思维并不局限于这样的限制之中，因此得出了与众不同的方法，也是解决这个问题最好的办法。

我们大多数时候总是受到自己的感觉和经验的影响，或者受到类似事件、自我设定的思维限制，这就是思考的惯性，心理学家称之为惯性思维或思维定势。

所谓思维定势是心理学上的一个概念，是指人们在认识事物时，由一定的心理活动所形成的某种思维准备状态，影响或决定同类后继思维活动的趋势或形成的现象。

思维定势有哪些坏处呢？有一个很著名的跳蚤实验，可以很好地说明思维定势对行动的阻碍作用。

跳蚤能跳起的高度是它自己身高的400倍，是世界上相对高度跳得最高的生物。有人将跳蚤放进了瓶中，它一下子就跳了出来。实验员将瓶子用木塞盖上。一开始跳蚤总是希望能够把瓶盖冲开，于是进行了一次次的撞击，不过它都失败了。经过一段时间的尝试之后，跳蚤每次跳的高度都不再到瓶盖。即使后来实验人员把瓶盖掀开，这些跳蚤也不会跳出瓶子。

马戏团训练大象的方法也很类似。他们在象很小的时候，就把它拴在一根很大很粗的木桩上，虽然小象十分好动，但是它摆脱不了木桩的牵制。小象经过各种努力，发现自己是没有办法摆脱木桩的，于是也就放弃了努力。人们后来换一根较小的木桩，小象经过努力，发现自己还是摆脱不了这根小木桩……再后来，当小象长成了大象，即使是一根很小的木桩也能牵制住大象的行动。

还有许多类似的实验都说明了思维定势对行动的不利影响，创造是需要打破思维定势的，那些遵循思维定势的人必定无法进行自由创造。

日本江户时代有一位将军需要到东照宫去进谒天皇，不料在他出发的前一天下了一场暴雨，造成石砌的城墙坍塌，挡住了进谒的路。因为道路狭窄，当地的城主不得不想办法把这些石头弄走。

城主带了许多手下来，他们本想把抬来的原木放在地上，然后把石头放在原木上，滚动前行，但是原木却陷入了稀泥之中，石头根本无法滚动。而且石头过于庞大，如果要把它们一块块抬走的话，会需要很长一段时间。总之，无论使用何种办法，他们都不能尽快搬走石头，以使将军按时到达东照宫。按照当时的日本法律，在这种情况下，城主一定会被判为死罪。城主无计可施，决定剖腹自杀。这时候，一名伊豆守向城主建议：在石头的周围挖坑，把石头埋起来。

这位伊豆守的思考方式和别人截然不同，人们只是想着如何把石头搬走，而他却反其道而行之——如何在不搬走石头的情况下解决问题。

最后，城主按时抵达东照宫进谒天皇。

其实，打破思维定势比想象中要简单，你只需要摒弃固守的经验和感觉的限制，全面地思考问题本身，就能得到合适的方法。但困难也许就在这里，因为已经成为习惯的方式最难改变。

惯性思维和思维定势具有十分强大的力量，当我们需要改变的时候，常常会碰到非常顽固的心理阻碍。我们倾向于留住那些现有的东西，包括我们的思维方式。惯性思维就像被严加看管的禁区，那些外来的东西总是被拒绝进入。

大家认为是正确的，其实并不一定都是正确的。敢于思考的人不会按照普遍的思维方式来发表意见，他们总会有自己独特的见解。不论在哪种社会、哪个时代，最早接受新观念、发现新事物的人总是极少数，绝大多数人是不赞成甚至激烈反对的。因此，要想成功，就必须冲破思维定势的禁锢。

一般来说，那些倡导新观念和发现新事物的人往往是不被人理解的，他们处于一种孤独寂寞的境地，例如尼采、鲁迅。其实很多时候，我们眼中的“疯子”只是不随波逐流而已，他们永远持有独到的见解，并敢于打破常规。

要知道，在我们的工作、学习和生活中，思维定势都在无形中影响着我们，它能让你在失败的时候心安理得。所以，如果想要拥有更大的成就，必须要打破思维定势的禁锢。

你是否还沉溺于旧观念中无法自拔

我们常常会在思维上受到旧观念的侵扰，人一旦固守着旧观念不愿改变，自然就会受到很多限制，严重影响我们在事业上的发展。聪明的人应该尽快使自己从旧观念中解放出来，只有这样，才能挖掘出自己的潜能，从而突破自我。其实，在这个世界上的每一个人都有可能成功，可是，只有勇于突破的人才会更接近成功。

有一天，一家跨国公司在开例会的时候，总裁当着全体员工的面，郑重其事地说道："你们听好了，不管是谁，都不能走进9楼那个没有门牌号的房间。"总裁并没有为此做出任何解释，然而，公司的全体员工还是牢牢地把总裁的话记在了心里。

过了一段时间，当公司又招聘了一批新员工后，总裁又向他们交代了同样的话。

其中有一个男青年不解地问道："为什么不能进那个房间？"

"没有任何原因。"总裁十分严肃地回答道。

那个男青年开始工作之后，依然对总裁的嘱咐满腹疑惑，然而身边的同事都劝他最好不要质疑总裁的话。可是，男青年对那间房间的好奇心反而更强烈了。

有一天中午，这个男青年终于按捺不住自己的好奇心，走到了9楼那个没有门牌号的房间。他敲了几下门后，并没有得到任何回应，于是他尝试着推了一下门，门竟然开了，他犹豫了一下还是走了进去。进去之后他看到房间的桌子上放了一张纸，上面用钢笔写道：把这张纸交给总裁。

同事们听说了这件事之后，都暗暗地为他捏了一把汗，还劝说他把那张纸偷偷放回去，以免丢掉好不容易才找到的工作。然而，这个男青年却毫不犹豫地拿着那张纸走向了总裁办公室，敲响了位于12楼总裁办公室的房门。

当他将那张纸交给总裁的时候，总裁却赞许地看了他一眼，并且当场宣布提拔这个男青年为销售部经理。

年轻人受宠若惊地问道："就因为我把这张纸给您拿来了？"

"你说得对，我已经等了很久了，我对你的工作前景很有信心。"总裁语气坚定地说道。

果然，这个男青年自从担任销售部经理一职后，就将销售部门的工作做得风生水起。

正如同这个案例中的男青年一样，只要你敢于走进某些禁区，说不定就会采摘到胜利的果实。对于开创者而言，更要拥有勇于打破旧观念，"敢为天下先"的精神。

有个小孩子在游玩的时候捡到了一只鹰蛋，他出于好奇，就将这只鹰蛋放进了一个鸡窝里，想要看看雏鹰破壳而出的样子。

不久后，雏鹰破壳而出，与它同时破壳的还有许多鸡宝宝。这只雏鹰像其他小鸡一样跟着鸡妈妈四处觅食，在它的认知里，它就是一只普通的小鸡。

有一天，当鸡妈妈看到一只从天际俯冲下来的雄鹰时，急忙召唤鸡宝宝躲进鸡舍里，小鹰也像它们一样惊慌失措地躲避。

小鹰在不经意间看到老鹰翱翔天际的雄姿时，忍不住嘟囔道：“如果有一天我也能像老鹰一般在天空中自由自在地飞翔，那该多好啊！”

鸡妈妈听到后，提醒它说：“傻孩子，你只是一只鸡，注定不能像老鹰飞得那么高，以后不能再有这种想法了，不然会被你的兄弟姐妹笑话的。”

小鹰思索了一会儿，认为鸡妈妈说得有道理，于是在心里认定了自己是一只鸡的“事实”。

突然有一天，有2个陌生男人来到了这个农庄，其中有一位是驯兽师。当驯兽师看到这只小鹰的时候，就想教会小鹰飞翔，可是他的朋友却坚持说小鹰的翅膀已经退化了，并奉劝驯兽师打消这一念头。

驯兽师没有放弃，他把小鹰带到一栋房子的屋顶上，他觉得将小鹰从高处掷下，小鹰就会展翅高飞。他没有想到的是小鹰仅仅是拍打了几下翅膀，就心安理得地落到鸡群中，继续与鸡宝宝们一起玩耍觅食了。

驯兽师依然没有放弃，这一次他带着小鹰爬到农庄里最高的树上，将小鹰向远方抛去。小鹰由于害怕被摔死，就拼命展开翅膀向前方飞了一大段距离。只是，当它看到地上的小鸡们正忙忙碌碌地寻找食物时，它又很快地落到鸡群里，和小鸡一起争抢食物，无论如何也不愿意再飞翔了。

朋友对驯兽师这些无效的做法嘲笑了好一阵子，可是驯兽师依然不放弃。这一次，他将小鹰带到一处悬崖上，小鹰向远方眺望后，它发现不管是大树，还是农庄都变得那么渺小。当驯兽师将它从悬崖抛出去后，小鹰蓦地展开羽翼，最终自由自在地翱翔于天际。

其实，很多人也曾像小鹰一样拥有过自由自在地翱翔于天地之间的梦想，可是，我们这些美好的梦想在亲朋好友日复一日的劝说下渐渐沉寂了下来。例如，“别犯傻了”“你不可能会成功的”“这个世界上没有那么多科学家”等等，一旦我们认可了他们的说法，那么梦想就再也不可能实现了。

哪怕我们幸运地遇上一位像这个案例中的驯兽师那样的人，他把我们带领到更宽广的领域里，恐怕我们还是会像小鹰一样再次飞入鸡群中。所以，如果你总是用旧观念去看待生活，那么终其一生你也不会有大的成就。

要想获得成功，我们就要勇于打破旧观念，突破自己的思维局限，用全新的理念去看待我们的生活。一定不要沉湎于旧观念中不可自拔，更不能因此心安理得地过着平平淡淡的日子，从而失去前进的动力。

没有谁能套牢你，是惯性思维牵绊了你的脚步

有这样一则有趣的故事：

> 有一位小学三年级的老师给他的学生出了一道数学题：船上有81头牛、43只羊，问船长的年龄有多大？当老师将全班同学的答案都收上来统计之后，竟然发现有80%的答案为38岁！老师问学生为什么会得出这个答案，学生们回答两数相减，因此船长就是38岁。老师哭笑不得。

这一案例反映出了这样一个现状，那就是：大部分学生们的思维已经陷进了坚固的“牢笼”，很难释放出来。在他们看来，只要数学题中出现数字运算，不是加减，就是乘除，根本就没有想到，船上的81头牛与43只羊与船长的年龄没有一丝关联。然而，就是因为他们养成了错误的惯性思维，所以被惯性思维的“牢笼”困住。

亨利·彼得森作为一名技艺精湛的珠宝工匠，很受顾客喜欢，更难能可贵的是他头脑灵活，擅于思考，不会受惯性思维的束缚。

有一天，彼得森迎来了一位特别的客人，这位客人带来了一颗价值连城的蓝宝石要求彼得森为他制作一枚举世无双的戒指。这位客人特意强调："打造完成的戒指将要作为礼物送给身为电影明星的美丽女友。"

这对当时还不是那么出名的彼得森而言是一个千载难逢的好机会，如果他做出的戒指能够受到那位电影明星的喜欢，那么他就会声明远播，也许整个纽约城都会知道他的名字。接下来，他就开始专心致志地研究那枚蓝宝石，连续3天，他推翻了好几个设计方案。他心里清楚，如果他想要设计出独一无二的戒指花纹，几乎不可能了。但是，他可以在宝石的镶嵌上下功夫。

当时的纽约，主要采用把宝石完全包裹起来的镶嵌方法。采用这种方式，尽管能够确保宝石镶嵌的牢固性，可是，因为宝石几乎有一半的面积都会包裹起来，在视觉上就不能给人太大的冲击力，甚至会令人感觉宝石小了很多。彼得森一直以来就不太认同这种宝石镶嵌方式，因此，他开始致力于找到一种让宝石大放异彩又能够使其牢牢地镶嵌在戒指上的方法。

彼得森经过十几天的努力后终于发明了一种叫"内锁法"的宝石镶嵌方法。运用"内锁法"镶嵌宝石，既能够确保宝石与戒指基座牢固地连接起来，又能展现出宝石高达90%以上的面积。

当那位富商在一次宴会上拿着那枚蓝宝石戒指向电影明星女友求婚时，女友看到戒指明显惊喜的神情以及将之戴在手指上闪耀出的璀璨光芒，使得在场的所有夫人与小姐眼前一亮，纷纷忍不住赞叹起来。

从那以后，彼得森果然名声大噪，整个纽约城以及其他地方的贵妇人都找他打造宝石戒指，甚至所有的妇女都以佩戴彼得森设计的宝石戒指为荣。

其实，彼得森的成功绝非偶然，而是他勇于推翻长时间以宝石花纹占据主导地位的惯性思维，独辟蹊径地在宝石镶嵌上下功夫，最终才能够一鸣惊人。如果彼得森像大多数人一样因循守旧，那么他就不会成功了。

世界上没有不能完善的设计，也没有不能改进的方法，恒定不变的思维才是令人止步不前的障碍。

所以，如果你每天都在重复着一样的动作，一样的语言，一样的事情，甚至是重复着一样的思考方式，那么，你就已经陷入惯性思维的泥潭里了，赶快改变吧！谁也不想变成一台只会重复运作的机器。

如果有人问你："如果一头牛的头朝北，那么尾巴朝哪呢？"

你可能会脱口而出："朝南！"

那么请你现在仔细想一想，牛尾巴是朝南吗？牛尾巴应该是朝下的吧。这就是你在不知不觉当中，受到了惯性思维的诱导。这只是一个小小的测验，无关轻重。但是，生活中很多事都是决定下一秒前进方向的拐点。如果你不肯转变思维，不肯脱离这个条条框框，那么，你就如同"转圈的小老鼠"一样，永远只会绕着自己的尾巴年复一年、日复一日地打转，想想看，那样的你还会有什么前途和出路呢？

要知道，自己具有创新意义的想法永远是最难能可贵的，别轻易放弃自己与众不同的想法！

守着旧规矩不变就会受到客观世界的惩罚

“不以规矩，不成方圆”是一句流传至今的古训，它告诉人们规矩的重要性，可是如果墨守成规，过于教条和刻板，不懂变通，就会走很多弯路，甚至直接导致失败。有的人把规矩当成金科玉律，认为传统规则只能立不能破，机械教条地沿用那些已经明显落伍的做事方法，抱残守缺地执行那些已经根本行不通的行动方案，这样做无异于画地为牢，其结局是可想而知的，轻则碰壁，重则付出巨大代价。

墨守成规的习惯，会束缚人的能力，影响其主观能动性的发挥，使人变得顽固保守、不思进取，成为冥顽不灵的落后分子。不懂得求新求变，一味地遵守僵化的规则，就会被远远地抛在时代后面。所有的规则都是由人来制定的，人的认识存在极大的局限性，所以世间不可能存在跨越时间、地域，放之四海而皆准的规则，墨守成规是愚蠢的，守着旧规矩不变就会受到客观世界的惩罚。

1815年，拿破仑回到巴黎建立了百日王朝。他对格鲁希元帅委以重任，把一支重要的追击部队的指挥权交给了这位元帅，命其在自己攻击英军时，率领三分之一的兵力追击普鲁士军，全力阻止该军队和英军会合。

滑铁卢战斗打响后，法军和英军的交战进入了白热化状态，两军皆有伤亡，全都疲惫不堪，在这种关键时刻，谁能先一步得到增援，谁就能赢得整场战争的胜利，格鲁希麾下的很多军官都认为，他们必须去增援拿破仑，否则就会延误战机。可是格鲁希是个墨守成规的人，他无视军事形势的变化，严格遵守拿破仑的命令，决定追击撤退的普鲁士军队，还用无比强硬的口气说，在拿破仑撤回命令前，他绝不改变作战计划。几个小时过去了，普鲁士军队一直没有出现，这时情报员报告说普鲁士军队早已转移到了英法正在酣战的战场。拿破仑由于没有及时得到增援，在滑铁卢一役惨败。

格鲁希墨守成规，致使法军在滑铁卢战役中大败，拿破仑的军政生涯从此毁于一旦。这场动人心魄的著名战役给后人留下了深刻的警示，如果格鲁希是个有胆识、有魄力、不拘泥于命令的将领，及时前去援助法军，那么法国的历史将彻底改写。

墨守成规的人难以适应事态的变化，那么在人生的战场上就会很难获得胜利。

经验和规矩虽然在很多时候都能给人带来便利，但是完全被经验和规矩束缚住，就会带来很多阻碍。时移世易，我们必须学会根据实际情况改变策略，这样才能将荆棘之路变成坦途。

不要对你的思维“盲区”视而不见

旅日作家萨苏曾经讲过一则关于中国工程师的故事：

在日本工作的中国工程师老林有一天路过公司的车间，发现日本工人切割铝板时只打4排孔，剩下的铝板就当作边角料舍弃了。老林觉得这样很浪费，就建议工人把2排圆孔错开来打，那样就能打出5排孔了。

日本工人按照老办法干了20年了，听完老林的话之后，他们仔细一琢磨，觉得林工程师的办法太好了，于是改用新办法。

老林没把这事放心上，谁知车间主任（日本人）找上门来，抗议他破坏生产秩序。老林反驳说自己是在为公司节约材料。车间主任则强调他们按照一块板打4排孔的办法打了20年，改成5排就是破坏生产秩序。

俩人争执不下，闹到老板那里。日本老板赞同车间主任的意见。在他看来，大家（其他日本公司）都是打4排孔的，既然这样做了20年，不用多想肯定有其中的道理。

最终，老林因此被开除了。但他凭借自己出色的技术与人品很快找到了一家在日本的美国企业。而没过几天日本老板就不得不打电话请这位技术骨干回来，因为有些技术问题除了老林没人能解决……

在这则故事中，善于观察和思考的老林确实帮公司降低了生产成本。他不像日本同事那样在传统规矩中亦步亦趋，所以能敏锐地察觉到前人的思维盲点。日本工人务实，故而能很快意识到问题所在，所以他们采用了老林的方法。但车间主任与老板思维僵化，对已经出现的问题视而不见。这种刚愎自用、故步自封的思维方式，是公司进步与发展的最大阻碍。

谚语"智者千虑，必有一失"就说明了这个道理。智者的"一失"源于其思维盲点。而这个盲点往往也出现在其最自信的地方。

法国名将贝尔纳多特曾经指出："拿破仑不是被别人击败的，在我们所有人之中他是最伟大的。但因为他只依赖自己的才智，所以上帝才会惩罚他。他把才智用到最大限度，遂终于难以为继。"

在一场较量中，利用竞争对手的思维盲点是获取胜利的关键。反之，减少自身的思维盲点是避免失败的要务。

汉朝左丞相韩信奉命讨伐魏王魏豹。魏王在蒲坂重兵驻扎，并封住大河渡口临晋关。其他将领以为这将是一场硬仗。谁知韩信表面上在临晋一带展开战斗，假装要从这里正面进攻，实则另派一支奇兵到夏阳用木盆泅渡过河，奇袭了重镇安邑。魏王慌忙回头迎战，结果大败，自己也沦为俘虏。

从这件历史事件中我们可以看出，魏王存在两个思维盲点：一是以为韩信一定会从临晋关渡河，二是以为汉军不用战船就渡不了河。结果，韩信从另一个地方用木盆代替战船成功渡河，打了魏王一个措手不及。

> 韩信攻打赵国时，分出两千骑兵埋伏在山上，亲率主力军队背靠河水列阵。赵军对此嘲笑不已，认为韩信缺乏军事常识。结果，轻敌的赵军倾巢出击，却迟迟战胜不了背水一战的汉军主力军队。而两千骑兵也趁机冲入赵军营垒，将赵军旗帜全部换为汉军旗帜。赵军惊慌失措，最后大败。

事后众将表示不解："因为兵书上说行军布阵应该避免背靠水边，为什么我们背靠水边，反而取得了胜利？"

韩信解释道："其实道理也在兵书上，就是'陷之死地而后生，置之亡地而后存'，只是诸君没留意而已。"

赵军与韩信的部下都懂军事常识，但拘泥于条条框框，不像韩信那样融会贯通。兵法之所以不提倡背水列阵，是因为万一打了败仗，全军将无路可退。

但与此同时，兵法也从心理战的角度提出，必要时可用"置之死地而后生"的办法打消士兵们的侥幸心理，好让他们拼死作战，这样反而能杀出一条生路。

生活中有太多的障碍、陷阱以及不确定因素，我们唯有提高自己的水平，才能让生活变得更加精彩。从这个意义上来讲，不断克服自己的思维盲点，不仅是一种好习惯，也是人生的必修课。

我们常见的思维盲点主要有以下几个：

1. 破窗效应

某个窗户破了没人修补，那么其他窗户也会被打破。自暴自弃的想法就是“破窗效应”衍生的思维盲点。经不起挫败，扛不住压力，干脆自暴自弃。这种坏习惯让许多本来很有潜力的人断送了自己的未来。

2. 习得性无助

有些人觉得无论怎样努力都不会有好结果，彻底丧失了斗志，对一切都不抱希望，这就是习得性无助。这是最糟糕的思维盲点。好比是一个明眼人主动闭上眼睛，把自己当成盲人。但盲人会利用加强听觉与触觉的办法来弥补自己的视觉盲点，而习得性无助者等于是自断五感，放弃了一切可能。

3. 罗森塔尔效应

美国心理学家罗森塔尔在心理学实验中发现：被老师寄予厚望的学生成绩往往会进步很快，被忽略甚至被歧视的学生则会在学习上越来越消极。也就是说，在很大程度上，你觉得不好的东西会越来越不好。

古代有个成语叫作“智子疑邻”，这个成语故事中的主人公智子怀疑邻居偷了自己的斧子，所以他看邻居的每一言每一行都像贼。这种先入为主的观念带来的影响也是我们常犯的思维盲点。

4. 旁观者效应

出现突发事件时，如果周围仅有一人，他就会马上意识到自己的责任，去积极处理。如果是一群人围观，可能谁都不会去处理，出现“集体冷漠”的情况。因为责任已经在不知不觉中分散给了很多人，于是大家都不觉得自己应该主动承担。三个和尚没水喝的故事，就是这种思维盲点的表现。

5. 证人记忆效应

美国心理学家珀费可特与豪林斯发现，证人对案情细节的记忆并不像他们自以为的那么准确，往往与实际情况存在偏差。但人们通常更相信自己的记忆，而不是机器拍下的记录。可能你有过这样的体会，例如你在重读一本书时会发现以前某些内容记忆有误。此类思维盲点常出现在刚愎自用者身上。

6. 晕轮效应

即以偏概全，一竿子打翻一船人。“晕轮效应”会让我们看问题片面化，不能完整地认识事物，轻率地把偶然现象视为必然现象，把局部特征泛化为整体特征。于是，我们对人、事、物的认知就如同盲人摸象那般误区多多。

我国著名创新学家朗加明在《创新的奥秘》一书中提到：“在创新活动中，只有知识广博、信息灵敏、理论功底深厚、实践经验丰富的人，才易于在多学科、多专业的结合创新中和跳跃性的创造性思维中获得较大的突破。”

想要避免上述几个思维盲区，可以从以下4个方面着手。

1. 尝试不同的生活方式

每个人的思维方式与其生活环境的关系很大。当生活环境或生活方式发生变化时，人的观念也会随之调整。多尝试不同的生活方式，就能够尽可能多地了解到不同的思维方式，看问题时就能找到许多自己意想不到的新角度。

2. 以深度为重，而非一味扩大广度

什么事都能侃侃而谈的人看似见多识广，但这其中有很多人往往对每件事都是了解泛泛。无论从现实需要还是从自身提高的角度看，专而精的深度都比浮于表面的广度更有应用价值。要知道，绝大部分的思维盲点都是因为思虑不深造成的。很多时候只要从之前所忽略的地方深入地想一想，就能发现自己思考时忽略的潜在思维盲区。

3. 重视“必要性思维”

必要性思维强调事物之间的直接相关性。运用这种思维方式有助于我们拨开种种干扰因素形成的迷雾，看清事物的本质。说到底，思维盲区的形成还是由于我们对事物的本质认识不足所致。

4. 谨慎对待群体“共识”

法国心理学家古斯塔夫·勒庞指出：“群体心理可以让一个守财奴变得挥霍无度，把怀疑论者改造成信徒，把老实人变成罪犯，把懦夫变成豪杰。”每个人独立思考的结论，和参与群体思考时的结论都不大相同。由于群体心理因素，我们很容易人云亦云，导致判断力大大下降。这也是思维盲区的多发情境。所以，我们一方面要多吸收他人优秀的思想，另一方面也不能放弃独立思考。

真正欺骗你的不是别人，而是你的盲从

有一种效应叫作“毛毛虫效应”。据说毛毛虫有跟随前面的毛毛虫行走的习性。把若干毛毛虫放在花盆边缘，使之首尾相接排成一圈。在花盆不远处放置毛毛虫爱吃的松叶。结果毛毛虫出于跟随的习性，会一个跟着一个不停地转圈，始终远离松叶，直至全部活活饿死，它们都未能离开花盆。于是，人们从中引申出一个道理，做人要学会独立思考，不能一味人云亦云盲目跟从前人或他人。他们把因不假思索地随大流而导致失败的现象称之为“毛毛虫效应”。

有位哲人曾说过，比欺骗更有害的是盲从。盲从的人缺乏个人主见，惯于随波逐流，看到别人出现某种群体行为时，便不假思索地放弃自己的独立思考能力，结果不明所以地走进了人生的“死胡同”。

曾听闻这么一个故事：

有一天，古希腊最伟大的哲学家苏格拉底在课堂上拿出一个苹果对自己的学生说道：“请同学们认真闻一闻空气中究竟有什么味道。”坐在前排的一名学生迅速地举手回答道：“我

闻到了苹果的香味。”苏格拉底淡淡地看了那名同学一眼，然后右手举着苹果走下讲台，缓缓地从每位同学的身旁走过，并且要求大家仔细地闻闻看空气中究竟有没有苹果的香味。过了一会儿，竟然有半数以上的学生举手表示他们闻到了苹果的香味，苏格拉底返回讲台上，再次重申刚才的问题。这一次，全班只有一个同学没有举手。于是，苏格拉底询问那个唯一没有举手的学生：“你确定自己没有闻到苹果的香味吗？”那个学生肯定地答道：“老师，我确定自己没有闻到任何特殊的气味！”这时候，苏格拉底终于笑了，他大声地对同学们宣布：“这个同学的回答是对的，因为我手里拿着的不过是一只假苹果。”想必大家都知道，这个同学就是继苏格拉底后古希腊又一位伟大的哲学家柏拉图。

毫无疑问地说，在这个小故事中，只有柏拉图能够从头到尾地保持理性，而其他的同学都陷进了惯性思维中或者对权威的盲目认知中。正因如此，柏拉图才能成为一位伟大的哲学家。

盲从是缺乏主见的表现。东施效颦就是盲从导致的笑话，东施因为不顾自己的实际情况，盲目地照搬别人的行为模式而沦为千古笑柄。盲从是一个很不好的习惯，它使人愚昧，并埋没人的个性，让人丧失了最基本的判断和思考能力。一旦群体的思想占据了你的脑海，那么你的行为表现不过只是集体意志的一种反映，很难再有自己鲜明的特点。

何佳怡做事非常没有主见，凡事她都喜欢随大流，觉得跟上大多数人的步伐就能确保万无一失。读书时代，面临文理分科，她跟随班级大部分同学一起进了理科班，没过多久她就发现自己根本就不适合学习理科，因为每次的考试成绩都一塌糊涂。辛辛苦苦熬过高中，她面临着报考大学的重大选择，为了将来的就业考虑，她像大部分人那样报考了热门专业，攻读建筑学。孰料在她毕业那年，正赶上建筑业遇冷，待遇已大不如前，工作机会也大为减少，她再次感到了困惑。

后来看到身边的同学纷纷改行做起了平面设计，她也兴冲冲地报了相关的培训班，学成之后她四处求职，才知这一行业也接近饱和。没有任何美术功底，对色彩并不敏感的她在设计领域几乎毫无竞争力，屡次碰壁之后，她完全失去了方向，觉得自己的前途一片黯淡。

在职场上，多数人都涌向所谓的热门行业时，就会导致热门行业的饱和，进而导致很多人被淘汰。一个行业刚刚兴起时，最先发现商机的人很快就能赚得盆满钵满。其他人见有利可图，就纷纷涌向这一行业，结果造成供求失调，不但没有得到预期的收益，反而血本无归。由此可见，盲从并不能给人带来安全感和理想的收益，反而会把人引向歧途。那么我们应该怎样改掉盲从的习惯呢？

1. 做事要有主见讲原则，遇事要冷静沉着

要改变这种盲目的习惯就必须把自己培养成有主见、讲原则的人，遇事时理性地看待大众的行为，坚持自己的主张，而不是盲目地跟风。

2. 学会独立思考，用辩证的眼光看待问题

凡事多问几个为什么，不要失去独立思考的能力和最基本的判断能力。群众的眼睛是雪亮的，只是一种相对的说法，事实上真理往往掌握在少数人手中，不要迷信群众的智慧，学会用辩证的眼光看待问题。

3. 提高自己的认知水平，树立科学的世界观

盲目往往是由于无知导致的，想要排除外界错误信息的干扰，就要通过不断地学习来充实自己、发展自己，逐渐提高自己的认知水平，树立科学的世界观，提升自身甄别事物的能力。

第二章

想改变人生先改变思维

没有绝望的处境，只有对处境绝望的人

有一句话是这样说的："种子放在水泥地上会被晒死，放在水里会被淹死，只有放在肥沃的土地里才能生根发芽。"这句话很形象地说明了一个道理，那就是：环境不好，就没有生存的可能。但是，事情真的是这样吗？让我们通过下面的故事得出答案。

很久以前，美国有一位农夫，在佛罗里达州买下了一大片农场。他兴奋地巡视了一遍农场之后，突然沮丧起来。他发现这是一块贫瘠的土地，无法种植粮食，也不能生长水果，畜牧业也无法正常发展，这根本称不上是一个农场！更糟糕的是，这里还有大量的响尾蛇，非常恐怖。

这是一个令人绝望的发现，但是聪明的农夫想到了一个好主意，既然农场不能耕种，那么就干脆放弃耕种的念头。他开始利用起了那些毒性致命的响尾蛇，直接将自己的农场改成了"响尾蛇农场"。

他养殖响尾蛇，将农场对外开放，每年接待游客的收入就能够养活农场。

而且响尾蛇浑身都是宝，取出来的蛇毒可以送到制药厂去提炼抗蛇毒血清；响尾蛇皮可以高价卖出，用于做鞋子和皮包的原材料；蛇肉罐头也受欢迎。

托响尾蛇的福，农夫的生意做得很大，并且带动了整个村庄的发展，使整个村庄都变得富足起来。后来，人们为了纪念这位农夫，便将这个村庄更名为“响尾蛇村”。

这是一个振奋人心的事例，对于一个靠土地谋生的农夫而言，还有什么比得到一块寸草不生、毒物横行的土地更令人绝望呢?

农夫的聪明之处就在于他没有遵循一般的思路，而是跳脱出寻常的逻辑，将不利的条件变成了有利的条件，不但改变了自己的糟糕处境，还间接地帮助了别人，改变了周围人的处境。可见，环境并不能决定人的生存，想要拥有怎样的人生，决定性的因素还是在于自己的思维方式和自身的努力程度。

所以，如果你的处境糟糕，那么就先改变思维方式，从而进一步改变你目前的处境，相信这会是一场华丽的转变。

改变思维就能间接改变你的人生

有个名叫艾伦·莱恩的英国人，年纪轻轻就在希德出版社任董事一职。可当时出版社的情况却不容乐观，莱恩为了此事想尽各种办法。就在莱恩愁眉不展的时候，他意外地在大街上找到了使出版社出现转机的希望。那天，莱恩经过一个候车室旁的书摊上，漫无目的地瞟了一眼，他发现书摊上的书都是一些高价新版书或庸俗读物，而且大部分书都是精装本，价格昂贵。莱恩看着这些书，突然高兴极了：精装本的书一般价格昂贵，一般百姓肯定不会去买的，假如出版价格低廉的平装书，岂不是可以大赚一笔！

莱恩的这个出版廉价平装书的计划一经提出就在全英国的出版社引起了巨大轰动。很多人都对莱恩提出了质疑，有人说这是自取灭亡，对图书界将是个毁灭性的打击。但是，莱恩不理会这些，他始终认为这个办法不仅可以使更多人享受读书的乐趣，还能帮助自己的出版社走出危机，所以他毫不动摇。

莱恩的计划终于实施了，他先做了10本为一个系列的第一套平装系列丛书，规格比精装本缩小了很多，不但节约了封面制作的成本，阅读起来也更加方便了。再加上莱恩决定以购买再版图书重印权的方式出版这10本书，所以整个成本费用大大降低。因为制作成本费用的降低，平装本的书籍价格直接降到6便士，这样的话，只要人们少抽几支香烟就能买到一本书，从而享受读书的乐趣。

为了引人注目，莱恩在书的封面上设计了一个十分惹人喜爱的丛书标志物——一只翘首站立的小企鹅。因此，这套书就起名为“企鹅丛书”。不同类别的图书，标有不同的颜色：绿色为侦探类作品，浅蓝色为传记，紫色为剧本，橘红色为小说，灰色为时事政治读书，黄色为其他类别读物。外观上鲜艳明快，装订上简单朴实，印刷清晰，字迹工整，这一系列令人耳目一新的设计使得这套丛书十分畅销，第一批10卷本的“企鹅丛书”正式发行后不到半年的时间，销量就达到10万册。

莱恩另辟蹊径的思维使得陷入困境的希德出版社重新焕发生机。

莱恩之所以能够成功挽救自己的出版社，就是因为莱恩适时转变自己的思维方式，从而打开了新局面。

适时地转换自己的思维方式，就会使自己的思路变得更加清晰，做事的方法也会更加灵活，自然就会取得更优秀的成绩。从某种程度上讲，改变了思维，人生的轨迹也会随之改变。

学会让智慧带来财富

曾经，有一个百万富翁和一个穷人为邻，看到富人过着安逸的生活，穷人非常羡慕，他希望能从富人那里学到致富的方法，于是对富人说："让我在您的家里干三年活儿吧。干这三年活儿，我不要钱，你只要让我吃饱饭，并且有地方让我睡觉就可以了。"富人觉得这是件很划算的事，于是就答应了穷人的请求。三年时间很快就过去了，之后穷人便离开了富人的家。

穷人离开十年之后变得非常富有。而那位昔日的富人与他相比倒显得有点寒酸了。于是富人对他说："我愿意出钱买你成为富人的经验。"昔日的穷人听了富人的这番话之后，哈哈大笑了起来："我就是通过在你家干活儿的那三年学习了你致富的经验，而如今你却又要学习我的致富经验，真是不可思议呀！"

昔日的穷人之所以后来成为了富有的人就是因为甘愿花三年的时间去学习富人的经验。因此他获得了巨大的财富，变得比那个富人还富有。而在那个富人看来，穷人之所以变得比自己还富有，是因为创造财富的经验比自己多，所以愿意花钱买经验。

从这则故事上，我们明白了一个道理，那就是要想富有，就必须懂得学习。只有先学习，你才能拥有成为富人的思想基础。

在19世纪，人们听说美国加州发现了金矿。于是很多人蜂拥而至，做着美丽的淘金梦。一时间加州几乎每一寸土地都挤满了淘金者，金子自然越来越难淘，淘金者的生活也就越来越艰苦。再加上当地气候干燥，水源奇缺，许多淘金者不仅没有淘到金子，反而命丧于此。

大华也是众多淘金者中的一个，情况和大多数人一样，常常劳累了一天，不但没有见到半点金子，反而被饥渴折磨得半死。大华听着周围人对缺水的不断抱怨，突发奇想：这么多淘金者，对水的需求量肯定特别大，说不定卖水能让我大赚一笔。

于是大华毅然放弃淘金，开始动手将远方的河水引入水池，经过过滤，变成能喝的饮用水，然后将水卖给那些淘金者。

本来打算淘金的大华现在反而干起了卖水的工作，他因此受到了同伴的嘲笑，被说胸无大志，放着眼前的金矿不挖，却干起这种蝇头小利的买卖。

对于同伴的嘲笑，大华毫不在意，继续卖水，挖着自己心中的“金矿”。淘金者实在太多了，而且环境又很恶劣，很多人空手而归，而大华却在短时间内凭借卖水大赚了一笔。

在追逐主要目标的过程中，会有派生出来的次要目标与机遇，大家都在蜂拥而上抢“第一落点”时，另辟蹊径去抢“第二落点”也不失为明智之举。

林奥的母亲不幸辞世，剩下林奥和哥哥卡尔相依为命，母亲留给他们的唯一财产就是一家简陋的超市。超市的店面不大，销售的东西也就是罐头和汽水之类的食品，这几乎挣不了什么钱。

他们不甘心这种穷困的状况，一直想改变现状。一天，哥哥问弟弟："为什么同样是商店，有的人赚钱，有的人却赔钱呢？"林奥回答说："我认为是经营的问题，如果懂得经营，即使小本生意也能大赚一笔。"

可是经营的诀窍在哪里呢？

为了探索答案，兄弟俩走街串巷，他们被一家顾客盈门、生意红火的"消费商店"吸引了。

于是兄弟二人前去一探究竟。在商店旁边，他们看到门外贴着一张告示："凡是来本店购物的顾客，请把发票存好，年底的时候可凭发票数额免费赠送顾客部分商品。"

当看到这张告示之后，他们明白了这家商店门庭若市的原因了，不是因为他们卖的产品比自己的好，而是因为他们有好的经营策略。顾客之所以选择去那家商店，是因为多数人都贪图小便宜。

他们回到自己的店铺之后，也在门口贴了告示："从即日起，本店全部商品让利3%，并且保证我们的商品是全市最低价，如果顾客发现我们不是最低价，可以到本店退回差价"。

这一经营策略为他们带来了大量的顾客。他们还趁机发展了几家连锁店，短短几年的时间，他们的超市就发展了起来，成为了行业中的龙头。

获得财富是要靠头脑的，所以要及时变通，积极思考，这样才能取得一定的成就。

思路不对，智商越高越容易误入歧途

拥有成功的人生几乎是每个人努力奋斗的终极目标，一生的努力拼搏就是为了抵达成功的终点线。但是在抵达成功的路途中，常常荆棘遍布、凶险横生，如果没有清晰明确的思路指引你前行，你就只能像个没头苍蝇一样到处乱撞。正确的思路能够帮助我们改善目前艰难的处境。带着清晰明确的思路前行，才能在千万条复杂交错的道路上走出自己的辉煌人生。

某知名公司想要招聘一名高级女职员，消息一经发布，应聘者蜂拥而至。经过激烈的比拼，小唐、小赵和小李脱颖而出，进入复试阶段。复试开始后，人事主管发给她们每人一套白色制服和一个精致的黑色公文包，之后说道："10分钟后，请换上制服，到总经理办公室，衣服上都有墨点，但要记住，总经理非常注重仪表，且非常守时。这是最后的考核，将直接决定你们的去留。"

话音一落，3个人立即行动起来。其中，小唐向人事部长要求换一套干净的衣服，立刻就被取消了复试资格。小赵飞奔到洗手间，将墨点清洗掉，并且烘干，手忙脚乱了一通之后，小赵见时间差不多了，便急忙跑向总经理办公室。

当她准备敲门进去时，小张正好开门走了出来，小赵发现小张的胸前依然有墨点，便轻松了许多，自信地走了进去。

总经理看了看小赵衣襟前的水迹，笑了笑道：“赵小姐，您胸前的水迹是清洗墨点时留下的吗？”

小赵回答：“是的。”

总经理继续道：“这个题目是我出的。无疑，获胜者是张小姐。”

小赵对考试的结果表示不理解。

总经理道：“张小姐巧妙地运用了黑色手提包遮挡住了墨点，用最简单的方式解决了问题，她的表现机智而优雅。至于您，想必由于匆忙，您的手提包落在洗手间里了吧。因此，张小姐最终获胜。”

面对同样一块小小的墨点，小唐不知所措，小赵用了常用方法来处理，但是在解决了一个问题的同时，又制造了新的问题。只有小张，她非同一般的思路抓住了问题的关键，那就是并非一定要清除掉墨点，只要不让总经理看到即可。于是，她用最简洁，也是总经理心中最理想的方式解决了这个问题，取得了最后的成功。

这就是正确思路的妙处。很多时候，不需要耗费大量的时间和精力，只需要一个正确的思路，问题就能迎刃而解，成功便唾手可得。

有时候，成功就隐藏在略微巧妙一些的地方，因此，学会正确的思考方式，用正确的思路去获取成功吧。

你的观念，决定你站在怎样的起跑线上

陈旧观念是一把横在我们头上的标尺，许多人长期把自己置于标尺之下，始终不敢抬头、不敢超越，致使自己停滞不前。智者应该勇于跨越旧观念，这样才能突破自我，给自己的人生开辟出一片新的空间。

很多人都是被枷锁套住的囚徒，这个枷锁就是某种已经根深蒂固的观念。这种观念一旦在人的大脑中形成，便会顽固地控制人的大脑，决定着人的观察视角、思维方式、价值取向、行为方式以及生活方式。

巴布科克说："最常见，同时也是代价最高昂的一个错误，就是认为成功依赖于某种天才、某种魔力，以及某些我们不具备的东西。"成功的要素其实掌握在我们自己手中，一个人能够到达的高度，是受他的观念制约的。

下面这个故事，相信会对大家有所启发。

有两位老太太，她俩都已经70多岁了，算是到了颐养天年的年纪了。

其中一个老太太认为，人到了这把年纪，算是接近人生的尽头

了，也没什么盼头了，于是开始料理自己的后事，结果没过几年真的去世了。

另外一个老太太却不这样认为，她觉得一个人能做什么事主要原因不在于年龄大小，而在于自己的想法。于是，她做了一个在别人看来简直是异想天开的决定，在70多岁的高龄开始练习登山。她用了20多年的时间不断地练习与攀登，在95岁那年，成功登上了日本的富士山，成为攀登此山年龄最大的人。

这位成功攀登日本富士山的老太太就是著名的胡达·克鲁斯老太太。

须知，人生就是一连串的思考过程，每个人的前途和命运完全掌握在自己手中，只要有正确的观念，加之不懈地奋斗与努力，成功就离你不远了。

别让"视网膜效应"误导了你的认知

"视网膜效应"是当我们自己拥有一件东西或一项特征时，就会比平常人更容易注意到别人是否跟我们一样具备这种特征。

比如当自己买了某个型号的汽车，就会惊奇地发现满大街奔跑的汽车似乎都是同款型号的汽车；当自己买了某个品牌的手提包，便会发现各大场合有不少人拎着同款的手提包，这些就属于视网膜效应。

华子想要买一辆私家车，经过反复评估后，最终选定了一辆黄色中型轿车。因为在他的印象中，大多数私家车都是白色和黑色的，黄色的车较为少见，他希望这款独特的汽车能让他显得与众不同。正当他得意地开着新车四处兜风时，忽然发现无论是在马路上还是在停车场里，随处可见相同型号的黄色轿车。

华子不明白，为什么忽然有那么多人都买了黄色轿车？他把自己的困惑告诉了同事们，这时一位怀有身孕的女同事说，她并没有看见路上有很多黄色的轿车，倒是发现最近孕妇的数量突然增加了。有次她到百货公司购物，2个小时内居然看见了6个孕妇，她疑惑地说是不是最近人口出生率有所提高了呢？其他同事纷纷说自己并没有发现最近孕妇的数量有所增加，她看见那么多孕妇只是巧合罢了。

其实，黄色轿车和孕妇的数量并没有显著增长。华子没有购买黄色轿车时，对这款车并不关注，买了这辆车之后自然会多加留意同款轿车，所以误以为黄色轿车已经多到随处可见的程度。而那个孕妇在怀孕前并不十分留心街上的孕妇，有孕之后对孕妇的关注度显著提高，自然误以为孕妇数量猛增。可见视网膜效应具有一定的欺骗性，那么这种“欺骗性”会对我们的生活产生怎样的影响呢？

当一个人过于关注自己的缺点时，在视网膜效应的影响下，他便会更容易发现别人身上类似的缺点，倘若他爱挑剔，就会觉得别人同样爱挑剔，从而产生抵触他人的情绪，导致人际关系的不和谐。卡耐基曾说：“每个人的特质中约有80%是优点，而缺点仅占20%左右。一个懂得欣赏自己的人，同样懂得欣赏他人，而对自己过于苛刻，总对自己的缺点耿耿于怀的人，通常对别人也异常严苛，忍不住对别人的缺点指手画脚。那些经常责骂别人的人，往往对自己也很不满意。”这些都是视网膜效应产生的影响。

金强习惯自我批评，他不知道自己有何优点，却对自己的所有缺点了若指掌。他对自己的外貌很不满意，并为自己缺乏个人魅力而难过。在朋友和未婚妻眼中，他爱批评别人，而且挑剔成性，对所有事物都持怀疑态度，是个不折不扣的怀疑论者。

金强和未婚妻的关系越来越差，起因是他忍不住对未婚妻的各方面都品头论足。他不止一次地说未婚妻皮肤不好，还嫌弃她不会收拾房间，待人接物不够大方得体。其实未婚妻并没有他说得那么糟糕，她个性爽朗，喜欢户外运动，并到南美洲游历了几年，因此将皮肤晒成了健康的小麦色。她喜欢按照自己的心意布置房间，物品摆放得颇有个人风格。至于待人接物，人们都觉得她在这方面显得极为亲切自然。金强的挑剔让她感到不解和愤怒，多次争吵之后，两人分手了。

金强对待朋友与对未婚妻的态度如出一辙，就他人相貌、自理能力和待人接物等方面大加批评，朋友们觉得自己受到了嘲弄和羞辱，最终也都不愿意和他来往了。事实上，金强认为自己丑陋、笨拙、缺乏自理能力、不善交际，他觉得别人身上也存在这些缺点，虽然有些人自理能力确实不佳，但是没有人能忍受他无休止的指责，别人也没有义务无底线地包容他的坏脾气，所以人们纷纷选择离他而去。

在视网膜效应的影响下，我们对类似事物的关注度就会提高，由于忽略了其他因素，部分信息就会不断凸显和强化，我们对关注对象的敏感度便会随之增强。比如金强一心只关注别人身上与自己类似的缺点，对于他人的优点却视而不见，相似的缺点经过不断放大后，让他产生了是可忍孰不可忍的感觉。因此他常常以责己之心责人，久而久之对自己的不宽恕就演变成了对他人的不宽恕，进而造成人际关系的紧张。由此可见，视网膜效应在某些情况下，会对我们起到一定的负面作用，使我们思想变得狭隘片面，进而变得神经过敏、行为过激，那么我们应该怎样避免这种状况呢？

1. 正确地看待自我，发掘自己的优点

首先，要学会欣赏自己。卡耐基在创办培训班时，就一直强调一个人要想赢得好人缘，成为备受欢迎的魅力人物，就一定要具备欣赏自己和肯定自己的能力。全球有450万人接受过卡耐基的培训，尽管他们拥有不同的文化背景，成长经历也不尽相同，但是都凭借着这一信条有效地改善了人际关系。因此，以积极的眼光看待自己，善于发现自己的优点，是学会欣赏别人以及善待他人的基础。

2. 笑对人生，每天进行积极的自我暗示

英国文学家萨克雷说："生活好比一面镜子，你对它哭，它就对你哭；你对它笑，它就对你笑！"消极的人更容易受到视网膜效应的影响，只有让自己变得积极乐观起来，才能更多地留意生活中阳光和美好的一面，进而提升对自己优点和别人长处的关注度。每天对着镜子给自己一个灿烂的微笑，经常对自己进行积极的心理暗示，有助于建立起健康良好的自我意识，当有了良好的自我感觉之后，看待他人的方式也会随之改变。

3. 客观地分析各种现象

由于过度地关注相似的事物，会误以为同类的事物或现象充斥于每一个地方，其实这只是一种误解。要摆脱视网膜效应的影响，必须学会客观地分析各种现象，充分了解自己在视网膜效应的影响下出现的认知上的偏差，从而排除相关干扰，纠正自己歪曲的认知。

把闯入脑海的杂念驱逐出去

许多人都有过一种体验，那就是越是告诫自己不要想什么，脑海里越是会浮现自己排斥的画面，甚至坚持一分钟不去想都是很困难的。这说明我们对思维的强迫性控制只能使它向完全相反的方向发展，这就是强迫思维的由来。

在强迫思维的控制下，你越是强烈地压抑某个念头，这个念头反而越会增强，不但完全失去控制，而且会占据你的整个大脑。当你试图压抑一些负面回忆和消极想法时，那些折磨你的负面思维反而会更快地蔓延至你心灵的每个角落。

珍珍的脑海中经常会浮现一些曾经不愉快的经历，她越是压抑那些想法，越是沉浸其中无法自拔，无论怎么努力，她都难以摆脱这些恼人的回忆。有时暂时不去想那些不愉快的事了，但是几秒钟之后脑海里不知不觉地又出现了之前的画面。在上班的路上，她不停地想琐碎的工作和复杂的人际关系，搞得自己一路心情低落。刚刚步入一段新的恋情时，曾经失恋的情景又总是历历在目，使她无心体验新恋情的甜蜜，经常陷入忧伤的情绪之中。

珍珍为此感到焦虑和害怕，她用尽了各种方法来控制脑海中杂乱的念头，可是她越是拼命抵制它们，它们越是源源不断地涌出来。她不清楚自己为什么会变成这样，只是觉得自己每天都被无穷的纷乱思绪折磨得精疲力竭，她害怕自己有一天会失去控制，做出一些反常的事情来。

脑海被强迫思维控制是非常痛苦的，在这种状态下，大脑总是违背你的意愿一次次去想你不愿去想的事情，你会不由自主地被一些负面的东西纠缠住，注意力难以集中，导致学业或是工作深受影响，严重时，正常生活都会受到影响。那么应该怎么做才能消除强迫思维带来的消极影响呢?

1. 用温和的方式对待强迫思维，不要强烈抵制或对抗

当强迫思维向你袭来时，立刻抵制或对抗只是徒然浪费精力罢了。首先要让自己的心情平复下来，不要过于惊恐，也不要因为控制不了自己的思想而过于烦恼，做好充分的心理准备去承受这种负面思维，采用温和的方式来对待强迫思维，并试着恢复自我掌控的能力，渐渐地把各种杂念从脑海里驱逐出去。

2. 放松心情，卸下自己的精神负担

具有强迫思维的人通常精神负担重、心理压力大。要学会适当放松自己，听听舒缓的音乐，多参加户外活动，或者培养其他兴趣爱好，不断丰富和充实自己的生活，保持身心愉悦，坚持一段时间之后，强迫思维的症状就会减轻。经常给自己减负，逐渐摆脱强迫思维的困扰。

3. 调动感官转移注意力，让大脑进入中性思维状态

大脑被负面思维占据时，想要即刻转移注意力并不容易，但是，如果你懂得如何通过调动自己的感官达到转移注意力的目的，那么一切都会变得容易起来。你可以通过控制自己的视觉、听觉和触觉来转移自己的注意力。比如你在开车时脑海里不断涌现各种杂念，你可以立即观察仪表盘的指针颜色或者方向盘，抑或看看挡风玻璃是否洁净，你还可以留心一下音乐声、汽车声、车外喇叭声，认真感受手指触摸方向盘的细腻感觉，这时你的思维就会因为注意力的分散而过渡到了中性思维状态，那些杂念在不知不觉中便被中性思维取代了。

第三章

别让思维定势耽误了你的“野心”

愿我们都能登高望远

孟子云："孔子登东山而小鲁，登泰山而小天下，故观于海者难为水，游于圣人之门者难为言。观水有术，必观其澜。日月有明，容光必照焉。"

这句话的意思是："孔子登上了东山，觉得鲁国变小了，登上了泰山，觉得天下变小了，所以看过大海的人，就难以被别的水吸引了，在圣人门下学习的人，就难以被别的言论吸引了。"

孔子登上泰山，天地一览无余，表面上指泰山之高，实际指人的眼界。

那么，何为眼界？眼界就是指眼睛看到的事物范围，深层次来讲，就是指人类认识客观事物的宽度或广度，或者说境界。何为境界？境界，在地理上指划分土地的界线，在人的思想上常常指人们思维意识里所达到的深度与高度。所以，一个人思想境界的高低体现在对客观事物的见识、理解以及认知上，表达了精神追求和人生价值取向的视角与层次。在现实生活中，如何来评述一个人的思想境界，往往通过一个人在处理复杂社会关系与利益关系中的表现来评价。

境界与眼界有着密不可分的关系，简单来说，眼界是境界的前提。视野所及，心之所思，行之所至，体现的都是眼界与境界的和谐统一。

众所周知，1963年，赫赫有名的英国剑桥大学教授霍金不幸罹患肌萎缩侧索硬化症，从此以后只能坐在轮椅上。但是，他极其开阔的眼界和豁达的心胸却让他的思想与视线在广袤的时空中尽情遨游，最终成为当代最伟大的宇宙论专家，享誉国际。在《哈姆雷特》中有一句台词是他非常喜欢的，即“我可闭于一核桃壳内，而仍自认我是个无疆限之君主。”因此，他给自己的著作起名为《果壳中的宇宙》。这是多么深远与宽广的境界啊！

东汉末年的袁术，本来很有可能三分天下，可就是由于目光短浅，不能纵观大局，只看到眼前的蝇头小利，贸然称帝，引得天下豪杰群起而攻之，最后惨死。古语有云：“眼界广者其成就必大，眼界狭者其作为必小。”可见眼界的宽广程度，在一定程度上决定了成就的大小。

冬天天气寒冷，尤其是北方，因寒邪侵袭，手上很容易生冻疮，红肿发凉、瘙痒疼痛，严重时会皮肤紫暗、溃烂，给生活造成困扰。

对于这种疮疡类疾病，最好的就是用冻疮膏，可这种药膏，在宋代并不普及。而有户人家恰好有一治疗冻疮的祖传秘方，他们祖祖辈辈都依靠售卖这个不外传的秘方配制出的药膏来维持生活。

一天，有个商人正巧路过这个拥有秘方之户的村落，偶得这个消息，于是便提出用重金买下这个秘方。这家人从来没想过这个小小的秘方竟然可以卖这么多钱，没多想就答应把秘方卖给路过的商人。当时正值吴越争霸的烽火之月，这个商人带着这个秘方到了吴越——这个冬天最容易冻手的地方。托人觐见吴王，只要吴王选择在这个十分容易冻伤手的寒冬腊月向越人发起战争，依靠此治愈冻伤的秘方，必能大获全胜。吴王听从了他的建议，果不其然，大获全胜。吴王为嘉奖这个提供秘方的商人，赐他官爵和赏金，商人从此过上了衣食无忧的日子。

同样都是手持秘方，没有开阔眼界的人只能用来养家糊口，维持基本的生活。相反，眼光长远的人则能利用它为自己谋福一生。这就是眼界不同，导致了天壤之别的两种结果。

眼界越高远，视野越开阔，思维就会活跃。成功之路并非坦途，唯有将眼光放得长远，在时机恰好的时候充分施展才华，再加之永不言弃的坚持，才能走上属于你的康庄大道，找到属于你的那一片晴空。

格局决定布局，布局决定结局

下围棋时，技术欠佳的人会在局部战斗中纠缠不休，而高手会胸怀全局，超越局部战斗来布置全局，让对手在不知不觉中落入自己布下的陷阱，最终战胜对手。双方的差距与其说是技巧，不如说是格局。格局就是视野与胸怀，视野宽广，心胸开阔，自身的格局就大。

井底之蛙坐井观天，看不到完整的世界，自然也不具备广阔的胸怀。因为在它看来，世界就那么大，能够容纳的东西寥寥无几，值得争取的东西也屈指可数。

小格局的人与井底之蛙有几分相似。视野有限，不知天高地厚，常为小事情斤斤计较，甚至大动干戈。假如他们把眼界放宽一些，就不会做出不自量力的举动了，也就不会闹出夜郎自大的笑话了。

战国时期，有一天魏武侯与群臣商议国家大事，满朝文武的见解都没有他高明，退朝后他对此喜形于色。名将吴起见状，对他讲了一个故事：

许多年前，春秋五霸之一的楚庄王，也曾遇到过同样的情况。

但他退朝后反而忧心忡忡。申公巫问缘由，楚庄王说："我听说圣人从来不会在世界上绝迹，国家从来不缺乏贤能之人。如果能得到足以做国君老师的贤人，就可以做天下王者。如果能得到足以做国君朋友的贤人，就可以称霸诸侯。我的才能并不很高，如今满朝文武竟然还没我优秀。这说明楚国已经很危险了。"

吴起说："楚庄王所焦虑的事情，您却沾沾自喜。我在私底下对此感到担忧。"魏武侯听了这话，感到很惭愧。

楚庄王那番"如果能得到足以做国君老师的贤人，就可以做天下王者。如果能得到足以做国君朋友的贤人，就可以称霸诸侯"的言论，其实说的还是格局问题。有个与其观念相左的歇后语叫作"武大郎开店——高我者不用"，这种容不下比自己优秀的人的观念，就是典型的格局狭隘。

通常来说，格局小的人喜欢炫耀和卖弄，想要以此抬高自己的身价。格局大的人则不同，越有本事，越是谦虚谨慎，唯恐自己得意忘形。前者遇到问题时喜欢把责任推给他人，而后者总是先自我反省。

有一次，齐桓公外出打猎，追逐野鹿来到一个山谷。他遇见一位老翁，便问这里是什么地方。老翁说这里是"愚公之谷"。齐桓公问山谷得名原因时，老翁声称自己就是愚公。

齐桓公哈哈大笑，说："我看您的样貌也不像愚笨的人，为什么取这么怪的名字呢？"

老翁答道："请允许我从头说起。我原本养了头母牛，母牛生了一头小牛。小牛长大后，我卖掉小牛，买了匹马驹。有个恶少说：'牛不可能生马。'说完就把我的马驹牵走了。邻居们听说此事后，都认为我是个愚蠢的人，称我为‘愚公’，这个山谷也因此得名‘愚公之谷’。”

听别人随口说一句话，就让人把马给骗走了。齐桓公也认为老翁是个愚蠢的人。

第二天，齐桓公上朝，把这个笑话讲给执政大臣管仲听。谁知管仲却没笑，反而一脸严肃地整了整朝服，向齐桓公拜了两拜。他说：“这哪里是他的愚蠢，分明是我的愚蠢。假如由圣王唐尧来做齐国国君，让明察秋毫的咎繇出任法官，又有谁敢在光天化日之下强行牵走别人的马驹呢？那位老人家知道我们齐国司法诉讼还不公正，所以只能任由恶少牵走马驹。那么，请让我去整肃吏治吧！”

尽管愚公受骗的事与管仲没什么直接联系，但他依然从这则不起眼的“趣闻”中敏锐地察觉到了自身工作的不足。他能注意到其中隐情，正是因为能够透过现象看到隐藏的本质。管仲想把齐国建设成天下第一文明富强的国家，而不是满足于个人的位高权重。高目标带来了高动力，也就促使他处处以高标准要求自己。

若是换成格局狭隘的庸君，大概会觉得管仲小题大做。虽然齐桓公刚开始没察觉到愚公的弦外之音，但一经管仲分析之后也幡然醒悟，不断提高自己的执政能力。正是君臣二人的共同努力，让齐国完成了“尊王攘夷”的不朽功业。

所以，孔子每次说到这个典故时，都要求弟子们牢牢记住这件事。他说：“齐桓公是九合诸侯的霸主，管仲是才智过人的辅臣。连他们都有把聪明当成愚蠢的时候，何况那些不如他们贤明的人呢？”

需要注意的是，格局大的人往往有大志向，但有大志向的人未必都有大格局。有的人有很高的目标，也有很强的动力，但肚量不大，姿态傲慢骄狂，容不下比自己优秀的人。因此，他们在竞争中会不断贬值，最终会被格局更大的对手打败。

此外，格局的大小还取决于每个人的学问与阅历。随着学问与阅历的不断积累，格局也会逐渐变大。因此，想做一个格局大的人，可以在以下三方面下功夫：

1.以格局大的人的言谈举止为榜样

当你以某人为榜样时，会不知不觉模仿此人的言行举止。慢慢地，你从他那里受到的正面影响会随着时间的推移而日益深刻。

2.丰富自己的知识和阅历

古人把“读万卷书，行万里路”视为理想。读书与游历的本质都是增加自己与世界接触的机会。

3.注意观察事物的多样性

海纳百川的精神，是大格局的最好写照。老子说：“不知常，妄作凶。知常容，容乃公。”这个世界是多元的，认识事物的多样性，才能分辨出什么该谨慎，什么可以求同存异。这样就可以避免过于偏执闭塞和无原则包容这两个误区，培养谦和而包容的大格局。

总之，格局越大的人越能排除万难，他们的人格魅力比格局小的人更强，姿态也更加低调务实。需要指出的是，大格局不等于好高骛远。后者只是一团迟早会被现实的冷水浇灭的虚火，前者才是不怕火炼的真金。

拒绝短视的诱惑，才能拥有美好的明天

很多人都有这样的倾向：宁愿选择眼前较小的收益，也不愿意等待日后较大的收益，这种贪图眼前利益而不考虑长远利益的短视思维就叫作“双曲贴现”。

具有“双曲贴现”思维的人认为今天比明天更重要，今日的利益才是真实可触的，眼下的需求必须被充分满足，而带有不确定性质的未来完全可以延后考虑。受这种短视思维的影响，眼界会变得越来越狭隘，目光会变得越来越短浅，只在乎眼前的满足感，不但不利于自己的长久发展，还有可能断送美好的明天。

研究员曾对黑猩猩做过一次实验，研究有关“双曲贴现”的问题。黑猩猩比较喜欢的食物是香蕉，研究员以此制订了一个规则，他给每只黑猩猩分发一个干果，如果哪只黑猩猩能忍住20分钟不吃手里的干果，它就能用干果换取一只香蕉。这群黑猩猩大部分缺乏忍耐力，干果一到手就立刻吃掉了，仅有几只黑猩猩一直努力克制着自己，它们因为强大的自我控制力得到了超值的回

报——香蕉。前者的思维模式属于典型的“双曲贴现”思维，而后者则很有远见。

研究员还在美国和哥伦比亚的一群孩童身上做过两次类似的实验：他给每个孩子发放了一块棉花糖，告诉他们如果谁能忍住在15分钟内不把棉花糖吃掉，就能得到第二块棉花糖。两个国家的孩子反应大体一致，其中三分之二的孩子在得到第一块棉花糖后立即把它们吃掉了，仅有三分之一的孩子抵制住了诱惑，拿到了第二块棉花糖。多年以后研究员回访了那些接受过棉花糖实验的孩子，发现当年那些能抵御诱惑的孩子在长大后对自己人生的规划更有想法，意志力也更强。

由此看来，我们应当摒弃“双曲贴现”思维，把目光放得更为长远，高瞻远瞩地规划自己的人生。那么，具体应该怎么做呢？下面就给大家提出三点建议：

1. 学会向前看，放宽眼界，确立长远目标

不要以短视思维思考问题，所谓“人无远虑，必有近忧”，只看眼前，对未来没有任何考虑和规划肯定是不行的。你必须学会把眼界放宽，确立长远目标，制订长远规划。不要过分贪图眼前的利益，多为明天考虑一下，对于现在和未来要有正确的认识，切莫为了现今的一点儿利益而牺牲未来的美好生活。

2. 多读些励志的书籍，从中汲取有益的营养

多阅读一些励志的好书或者名人传记，深入了解更为可取的思考方式，

对比自己的思考方式，逐渐纠正自己错误的思维。所谓“开卷有益”，有营养的书籍不仅可以陶冶情操，还可以纠正自己在认知上的偏差，多读书多思考，不断进步，逐渐摆脱短视思维的影响。

3. 增强自制力，在短期利益面前克制住自己的贪欲

克制欲望并非易事，因为需要强大的自制力，自制力差的人最容易掉进欲望的陷阱，因此你必须学会增强自己的自制力。在诱惑面前保持清醒，告诉自己为了贪求短期利益而放弃长远利益不可取，克制住自己的贪欲，学会为未来的长久发展而舍弃眼前的蝇头小利。

适时转念，才是走向成功的引信

从前，有一名武士想知道天堂和地狱到底有什么不同，便向白隐禅师求教。禅师看了武士一眼说："尽管你是一名能持枪扛刀的武士，但是没人会重用你，因为你其貌不扬，而且头脑呆笨。"

武士听后禅师的话后，很是愤怒，便拔出宝剑，准备挥向禅师。禅师不为所动，镇定自若地说道："地狱之门由此打开。"

武士听闻此言，意识到自己错了，即刻弃剑于地，向禅师鞠躬道歉，内心无比惭愧。

此时，禅师微微一笑，说："天堂之门由此打开。"武士明白了，原来，天堂与地狱的区别，就在一念之间。

善恶有时就在一念之间，而一念之间做出的决定有时又能决定以后的人生。

李晓和李娇是一对从山区里走出的姐妹花，5年前她们一同到深圳打工。刚来到这个大城市时，李家两姐妹就被这灯红酒绿的景象震惊了。从小在山里长大，除了满山的绿树和牛羊，她们哪里见过这么华丽的景象。看着来来往往的人群，两人默默下定决心，有一天自己也要变成这些人中的一员。由于两人的文化程度都不高，想在深圳找份高薪的工作实在不容易。在快花光身上的钱时，两人终于找到了一份在酒店做服务员的工作。

李晓从小便跟在父母的后面下地干活，有时候也会跟着大人去上山砍柴；而李娇，虽然是穷人家的孩子，但由于是妹妹的缘故，从小娇生惯养，根本没干过活儿。在酒店做了不到3天，她便叫苦不迭：“我来大城市是为了发财的，不是为了这么辛苦的！”李晓见妹妹还没坚持几天就开始抱怨，便安慰道：“你别心急，我们先在深圳站住脚，才能进一步去实现梦想啊！动不动就放弃，连饭都吃不起，还幻想什么？”姐姐的劝慰并没能让李娇平静下来，她不顾李晓的阻拦，执意要回老家。李晓无奈，只好把妹妹送上了火车，心想，还是等自己在这边有点基础了再把妹妹接过来一起打拼吧。就这样，李晓一个人留在了深圳，在那家酒店一干就是一年。她工作起来十分卖力，从不懈怠。

有一次，李晓看到别人在酒店门口摆摊，不到一会儿的工夫，就赚了不少钱。李晓觉得自己也可以，于是下班后就去了批发市场，用自己攒的积蓄批发了一些生活用品，到自己居住的小区里摆摊。小区里大部分都是白领，李晓卖的东西都是必需品且物美价廉，所以从第一天起生意就很好。就这样，李晓白天到酒店上班，晚上在小区里摆摊，虽然很辛苦，但收获颇丰，一个月下来竟然比普通白领的收入还高。5年后，李晓在市中心开了一家冰淇淋店，生意非常好。李晓靠着自己的努力买了一套80平方米的房子，把父母和妹妹都接了过来。李娇看到姐姐不但事业有成，还有了自己的房子，而自己依然一事无成，心里又羡慕又忌妒。

人生有时候就是这样，很多事情在一念之间就决定了以后的走向。所以，在任何重要的决定面前，我们都要考虑到以后的人生，然后再做出不会令自己后悔的决定。

就算有溺水的可能，也要学会游泳

循规蹈矩可能是最保险的做事方法，但太过循规蹈矩往往不会有突破。人们常说：“不冒险则无大成，冒险方可获大机遇。”说的正是这个道理。冒险能激发人的创新、拼搏精神，而且，冒险拼搏有时候可以给你打开意想不到的成功之门。

刚踏入社会的刘娜进入一家化妆品公司上班，培训结束没几天，公司决定开拓华南市场。经理想派一名老员工去一座位于华南地区的城市建立市场拓展点，公司会给予一些人力和物力的支持。然而，那些老员工们听到经理的提议后都低下了头，谁也不愿主动请缨。经理不得不把期待的目光投向那些新员工身上。可是，新员工们也全都低下了头。正当经理失望之时，刘娜举起了手，坚定地说：“经理，我愿意去！”

经理看着她，有些犹豫：“可是你……”没等经理把话说完，刘娜就坚定地说：“我相信自己是可以通过努力把事情做好。”一是出于对新员工的考验，二是由于老员工都不愿意去，于是经理同意了刘娜的请求。散会后，同事们对刘娜议论纷纷，大家都认为她不知天高地厚，有些不自量力，刘娜对自己的冲动行为也有些后悔。回到家中，父母和哥哥也都抱怨她太过冒失。刘娜只能鼓励自己说："就冒这一次险，权当是对自己的一次磨炼。"

公司领导对刘娜的胆识非常赞赏，为此特意给她制订了一套严谨详细的营销方案，并为其提供人力和物力的支持。经过3个多月的艰苦奋战，刘娜终于在华南的那座城市里建起了一个小规模的市场拓展点，刘娜也被提拔为那里的部门经理。在开展这项工作的过程中，她的见识和能力也得到很大提升。

许多年轻人在刚踏入社会时，常因为经验不足、能力不足而畏首畏尾，不敢冒险，结果就与一个又一个的机遇失之交臂，留给自己的只有后悔与遗憾。为了让自己获得更好的机会，我们要敢于冒险。只要我们相信自己，鼓起勇气努力打拼，就一定能把事情办好，从而获得成功。

冒险不仅能激发人们的创新、拼搏精神，而且能极大地鼓舞人们的士气。美国人对冒险精神就非常推崇，他们认为不管做什么事情都很少能百分百地成功，但人们不能因为有不成功的概率存在就故步自封。美国人主张在稳重决策的同时还必须有一点儿冒险精神，只有把事情先做起来，才能判定自己到底行不行。

在一次比赛中，德国跳高运动员布斯一举成名。在这之前，布斯一直是一个默默无闻的选手。那么，他是如何一跃成名的呢？那就是冒险！

参加那场比赛的有奥运会冠军克柳金、世锦赛冠军沃罗宁，以及世界纪录保持者索托马约尔等众多跳高名将。刚开始的比赛进行得很顺利，但是，当横杆升到2.30米时，天气突然变了，气温骤然降到了10℃左右，还刮起了大风，这样的天气是不适合跳高这样的运动的。不过，已经有包括布斯在内的6人都跳过了这个高度。横杆再次升高，升到了2.33米，古巴的索托马约尔第一个飞身越过，之后他便轻松地笑了，因为他认为在这样恶劣的天气里，一次就越过这个高度一定可以拿到冠军了。

然而，他想错了，俄罗斯的莱巴科夫和沃罗宁也是一次就越过了2.33米，而且因为两人在前面的比赛中失误很少，所以名次都排在了索托马约尔的前面，最后只剩下了连续2次试跳这个高度失败的布斯。这个时候，选手们已经不把他当成对手了，因为在曾经的比赛中，布斯都没有超越过这个高度。但布斯并不这样认为，他想：“目前有10个人可以争夺冠军，我是这10个人之一。能不能拿冠军的关键在于我能不能超过他们。”此刻他只有一次试跳机会了，按规则，即使他跳过这个高度，也不可能拿到奖牌。因此，布斯选择了冒险。布斯横下心，直接要了2.36米的高度。

在这个高度的试跳中，莱巴科夫、沃罗宁和索托马约尔都没过，这让布斯更看到了希望。他给自己打气说：“如果你跳过了，那么你就有极大的可能成为这场比赛的冠军。”于是他振作精神，为最后一次跳跃做准备，只见他跃起后在空中划过一道弧线，轻松飞过了横杆。跳过去了！布斯高兴得跳了起来。此刻他已经不再关心其他选手的成绩了，因为他的冒险成功了！他突破了自己的历史最好成绩。而莱巴科夫、沃罗宁、索托马约尔最后都没有跳过2.36米。布斯通过一次冒险，摘得了这场比赛的桂冠。

很多时候，我们确实需要挑战一下自己，只有敢于尝试，才有成功的可能。就算冒险之后没有成功，你也不用灰心丧气，因为遇事不敢尝试，才是最令人遗憾的事。

当然，这里所说的冒险并不是让你盲目决断，随意去冒险，在冒险之前要考虑多种因素，只有那些不超越自己的能力范围、成功概率大于失败的冒险才是正确的冒险。总之，既要敢于冒险，又要尽量降低风险成本，这才是成功之道。

坚持是必要的，但你有权选择最好的方法

在现实生活中，我们常常被那些坚持不懈的人感动。但是，我们在钦佩那些坚持不懈的人们的同时，也一定要明白这个道理：坚持是必要的，但我们有权选择最好的方法。

有这样一位作家，他以学识渊博著称，是国内知名的文化专家，他的文章曾经引发过很大反响，是广受大家尊重的知识分子。然而，自从有了很大的声名后，他开始拒绝做出任何变化。比如在当今人人都通晓电脑的时代，学习一下打字技术和上网技术其实是一件很有必要的事情，而且电脑能给他的写作带来巨大的方便和快捷，但他却坚持认为凭借纸笔进行的写作才是最本真的写作，才是一个作家的象征。

在这个信息沟通十分便捷的网络时代，通过电子邮件可以瞬间将稿件发到对方的邮箱里，但他却觉得只有使用原始邮筒投寄的方式才是最安全有效的方式。他拒绝上网、拒绝使用手机，并且觉得上网的人被大量垃圾信息填充了大脑而不知思考，觉得使用手机的

人成了每天靠手机活着的木偶。

他一直坚持着自己独特的生活和工作方式，但不明白这种坚守实在没有太大的必要。他的文章需要逐字写在纸上，然后再由别人给他输入到计算机中，这样在无形中就浪费了很多时间。由于他不使用手机，别人有事情联系他时，往往不能在第一时间找到他，而需要通过他的助手或家人才能把信息传达到他那里。

他的坚持在让自己的生活越来越不便的同时，也给许多协助他工作的人带来很多困难。

其实只要在认知上进行一个简单的转变，很多事情都会变得很容易解决。下面这个故事，或许可以对我们有所启发。

两个欧洲人到非洲去推销皮鞋。由于炎热，非洲人向来都是打赤脚。第一个推销员看到非洲人都打赤脚，立刻失望起来："这些人都打赤脚，怎么会要我的鞋呢？"于是放弃努力，失败沮丧而回。另一个推销员看到非洲人都打赤脚，惊喜万分："这些人都没有皮鞋穿，这皮鞋市场大得很呢。"于是想方设法，引导非洲人购买皮鞋，最后发大财而回。

这两个欧洲人不同的思维方式，导致了结果的巨大差别。我们的所见所感并非是外部世界的复制，而是经过了主观的了解、感受与诠释。我们可以把思维方式比作地图，地图并不代表一个实际的地点，只是告诉我们有关地点的一些讯息，思维方式也是如此，它不是实际的事物，而是对事物的理解和诠释，是我们心灵的地图。我们以这些心灵的地图诠释所有的经验，我们的态度与行为又从这些经验中衍生而来，所以说，思维方式决定一个人的判断与行为。

一旦我们对思维方式以及思维方式加诸我们的影响力有了更深一层的认识，就能够为我们的行为起到非常积极的指导作用，从而让我们获得更大的突破。

第二个推销员没有因为眼前的困境退缩，而是改变思维方式，所以他能从看似毫无希望的境况中发现商机，再根据实际情况调整战略，将不可能变为可能。

试着把关注点放在自己身上吧。一个小小的转变，可能就会让我们发现我们生命中新的桃花源，一个别有洞天的圣地。

第四章

换个想法，让你的世界再也没有“不可能”

想得不一样，才能做得不一样

汤姆和杰克是加利福尼亚的两个青年，他们一同开山卖石。汤姆把石块砸成石子运到路边，卖给建房的人。杰克直接把石块运到码头，卖给加州的花鸟商人。因为这儿的石头多是奇形怪状，杰克认为卖重量不如卖造型，价格高得多。

两年后，杰克成为小镇上第一个购买汽车的人。

后来，政府规定：山上只许种树，不许开山卖石。于是，这里成了远近闻名的果园。因为这里产的鸭梨汁浓肉脆，纯正无比，所以没到秋天，满山遍野的鸭梨召来八方客商。他们把堆积如山的鸭梨成筐成筐地运到纽约和华盛顿，然后再发往欧洲、日本。

就在小镇上的人为鸭梨带来的幸福日子欢呼雀跃的时候，曾卖过石头的果农杰克卖掉果树，开始种柳树。因为他发现，来这里的客商不愁买不到好梨，只愁买不到盛梨的好筐。杰克卖筐的收入比原来卖鸭梨收入的3倍还多。

又过了两年，杰克成为小镇上第一个购买别墅的人。

再后来，一条铁路从这里贯穿南北，这里的人上车后，可以北到纽约，南抵佛罗里达。随着小镇的开放，果农也由单一的卖果品开始转为水果加工。就在一些人开始准备集资办厂的时候，杰克在他的地头砌了一垛三米高、百米长的墙。这垛墙面向铁路，两旁是一望无际的万亩梨园。坐车经过这里的人，在欣赏盛开的梨花时，都会看到醒目的四个大字：可口可乐。据说，这是500里行程中唯一的一个广告。就凭这垛墙，他每年有4万美元的额外收入。

又过了两年，杰克成为小镇上第一个办起服装加工厂的人。

有一次英国壳牌石油公司美洲区代表威尔逊到美国考察，当他坐火车路过这个小镇时，听到了关于杰克的故事。他被杰克的商业头脑所震撼，当即决定下车寻找杰克。

威尔逊找到了杰克，当时杰克正在自己门口与对门店主吵架，因为杰克店里的一套西装标价800美元的时候，对门同样的西装标价750美元，而当杰克标价750美元的时候，对门就标价700美元……一个月下来，杰克批发出8套西装，而对门却批发出800套。

威尔逊看到这种情形，非常失望，以为被讲故事的人欺骗了。但当弄明真相以后，威尔逊立即决定以百万美元的年薪聘请他。原来对门的那个店也是杰克的。

又过了两年，杰克成为威尔逊的最得力助手。有一天，当威尔逊问到杰克脱贫致富的体会时，杰克深有感触地说：“其实，经济上的贫穷并不可怕，可怕的是思考力想象力和创造力的贫穷。只有依靠我们的思想和创造力，才能创造奇迹。生活总是奖赏那些善于思考、善于想象和创造的人。”

众所周知，广告就是要广而告之的。平面广告要有文字，广播广告要有声音，电视广告要有画面，这是广告的一个普遍原则。但是，在广告界有这样一个奇特的案例：

纽约的一家银行在新开业想要迅速打响知名度时，采用了一种让人意想不到的做广告的方法。

一般来说，银行开业广告的目的是为了宣传，为此，银行会搞促销活动，或者请名人推广。但这家银行并没有采用其他银行开张宣传时使用的惯用手法，而是买断了当地各家电台的黄金时段10秒钟，在这10秒钟内，整个宣传内容就是提醒所有听众朋友注意收听由本市国际银行向大家提供的沉默时间。

然后，整个纽约所有的电台都开始沉默，这沉默的10秒钟激起了听众们极大的兴趣，大家议论纷纷。各大媒体也对此竞相报道，这个广告一时间成了当地的热门话题。这家银行的开业广告获取了出其不意的效果，短时间内就有了很高的营业额。

这家银行正是因为在做广告时彻底打破了人们对于广告的惯性思维，告诉世人：即使是广播广告也并不一定非要大费口舌。这个沉默时间以自己的不说话唤起所有人说话，反而让广告收到了更加引人注意的效果。

总之，在这个崇尚创新、变化速度不断加快的新时代，我们不仅要追赶变化的步伐，更要善于使用创新和差异化的方法，如此才能让自己变得更加与众不同，更有竞争力。

没有解决办法，那就转换问题

当我们苦苦寻找解决问题的办法，尝试了一种又一种的方法却仍然无法有效地解决问题时，不妨从问题上着手，转换问题，让问题变得容易解决。

在19世纪30年代的欧洲大陆，书记员、银行职员甚至是富商对书写方便、价格低廉的圆珠笔越发青睐。制笔工厂抓住这个时机，大量生产圆珠笔。但是一段时间后，圆珠笔市场竟然萎缩严重，原因是圆珠笔前端的钢珠在经过较长时间的书写后容易脱落，导致还未用尽的笔油漏出来，弄得满纸油渍，给使用者带来了极大的不便。人们开始讨厌圆珠笔，不再用它了。

一些科学家和工厂的设计师为了这个问题绞尽脑汁，做了大量的实验。他们都是从圆珠笔的珠子入手，尝试了上千种的材料，最后找到了钻石这种材料。钻石确实不会漏油，但是昂贵的钻石却不适合做廉价的笔珠。

为此，科学家也一直没能解决这一问题。后来，一个叫马塞尔·比希的人却很好地将圆珠笔进行了改进，解决了漏油的问题。

他的解决方案的关键不在“圆珠”上，而是主动控制油墨的总量。因为钢珠脱落需要一段时间，那么油墨的总量为什么不能和钢珠的使用时间保持一致呢。于是，他所做的工作只是在实验中了解一颗钢珠在书写中的“最大用油量”，然后每支笔芯所盛放的“油”都不超过这个“最大用油量”，就这样轻而易举地解决了这个难题。于是书写方便的圆珠笔又在广大书写工作者中流行了起来。

马塞尔·比希认为寻找合适的“圆珠”这个问题比较困难，就将问题转到控制“最大用油量”上，运用逆向思维巧妙地解决了棘手的问题。

有一位智者说，这个世界上有两种人。一种是看见问题并描述和界定问题，然后抱怨这个问题，结果自己也成为了这个问题的一部分的人。另一种是仔细观察问题，并寻找解决办法，使自己在解决问题的过程中能力得到提升的人。是成为问题的一部分？还是成为解决问题的人？这个选择决定了你能否拥有一番成就。

其实，现实生活往往如此，无论你做了多少研究和准备，有时事情就是不能如你所愿。如果你尽了一切努力，还是找不到一种有效的解决办法，就不妨像马塞尔·比希那样，转换问题之后再寻找解决问题的最佳途径。

下面这个故事能充分说明这个道理。

新装修好的楼房自出租后，房主就不断接到房客的投诉。原因是电梯的速度太慢，耽误了很多时间，如果房主不解决这个问题的话，他们就会搬走。

楼房已经装修好了，如果再更换电梯，成本实在太高。如果不换，又会遭到房客退租，更是损失惨重。几天之后，房主想出了一个好办法，既没有更换电梯，也没有再接到投诉电话，剩下的空房子也很快租出去了。

房主的“奇思妙想”在这里：在每一层电梯外的墙上安装一块试衣镜，在镜子面前，大家不自觉地开始注意自己的仪表，自然感觉不出电梯的上下速度是快还是慢了。

聪明的房主运用逆向思维，转换问题，将视角从“换不换电梯”这一问题转到“如何让房客不再关注电梯快慢”，问题变了，方案也就产生了。

在你尝试诸多解决方案仍然无法有效解决问题、达不到预想的效果时，不妨试着转换问题。

为解决问题寻找到行之有效的办法是正向思维的思考方式，但是当尝试了无数次之后，仍难以找到正确的解决途径，那么转换问题也许会取得意想不到的效果。

正向思维行不通时，何不尝试逆向思维

我们日常遇到问题一般都会按照正常的逻辑寻求解决办法，我们称之为“正向逻辑”，但有时我们也会发现，正向逻辑不一定能得出理想的解决办法，那么，我们就得学会“逆向逻辑”。

人类历史上有太多的发明与发现都是逆向思维贡献的，人们用逆向思维突破现有思维的束缚，将思维能够掌控的范畴推向一个新的广度，也将科技引向新的领域。其实，逆向思维是一种非常成熟的思维方法，还记得诸葛亮运用空城计的故事吗？司马懿15万大军来袭，可诸葛亮驻守的西城只有2500个士兵。

如何迎敌？正的思路就是大造声势，将士兵都拉出来，排兵布阵，以显示自己兵多将广，完全能够和敌人决一死战。当然，这样的思路是不能战胜司马懿的，所以诸葛亮反其道而行之，唱了一出空城计，将城门大开，安排一些老弱假扮百姓洒水扫街。乍看上去，攻破此城轻而易举，但诸葛亮的逆向思维恰恰让司马懿疑中生疑。于是，空城计便成了。

这就告诉我们，遇到任何问题，如果正向思考没有解决的办法，那就逆向思考，这也是思路创新的过程。

能够逆向思维的人往往都会呈现出比别人更宽广的视角，更新奇的思路，更强大的创新能力，我们的社会也因此而受益，从而不断地向前发展。

法国微生物学家、化学家路易斯·巴斯德经过多年研究和实验，证明了细菌是可以在高温下被消灭的，于是，人们就可以通过高温消毒的方法来保存食物。而后，英国科学家汤姆逊认为既然高温可以灭菌，那么低温应该也可以灭菌，于是他发明了低温冷藏工艺。

当然，逆向思维也不是那么容易就能产生的。

1. 你必须激发想象力

拥有充足的想象力，才能在思考问题时，想出更多元化的解决办法，从而让问题在最短时间内得以解决。

2. 适时地利用逆反心理

人的行为需要主观意识的能动作用，所以，适时地利用逆反心理，说不定会收到意想不到的效果。

曾经有一位日本参议员在竞选过程中成功地利用了选民的逆反心理，做到了不战而胜。当竞选开始时，他任何游说、演讲、造势活动统统不参加，只是发表了公开演说，说：“我不想当选，你们千万不要投票给我。”然后，就躲到了国外，结果，这位参议员高票当选。

这就是成功地利用了民众的逆反心理。

3. 学会借助逆向思维寻求解决方法

其实，我们可以借助很多方法打开逆向思维的大门，例如转移问题的焦点，改变看问题的视野以及改变看问题的层次等。如果我们能够学会运用好这些方法，很多问题或许就能迎刃而解。

转变态度，让不可能变为可能

在古代波斯，有位国王想挑选一位能够担当大任的官员来辅佐自己。于是，他将全部官员召集来，以测试他们之中谁能胜任这个重要职位。所有官员都被带到一扇大门前。面对这座国内最大的门，国王说：“诸位大臣，你们都是既聪明又有力气的人，你们现在看到的这扇大门是我国最大最重的门，你们之中谁能打开这扇大门，帮我解决困扰已久的问题呢？”

当时，很多官员还没有尝试就摇头泄气了，有的过去试了一下又回来了。只有一位官员过去观察了一会儿，用手摸了摸门，然后又仔细观察了一番，最后拽着一根不是很重的铁链，把门打开了。

为什么会这样呢？原来，这座门看起来非常坚固，实际上并没有真正关上，只要敢于尝试、观察，必然能找到打开大门的诀窍。而很多人在面对这个“庞然大物”的时候，下意识地认为没有办法，甚至连尝试一下都不敢。

看到有人打开了大门，国王非常高兴，他对这位官员说：“此后就由你担任朝廷最重要的职位吧。在别人感到无能为力时，你却能够做到仔细观察，并有勇气冒险试一试。”国王又对其他的官员说：“其实在很多时候，貌似很难的问题却有着非常简单的解决办法，关键是你们要敢于尝试。”听到国王这样说，大家都羞愧地低下了头。

其实，在生活中有很多可以令我们成功的机会，但为什么我们往往与之失之交臂呢？那是因为我们在面对挫折和困难的时候，缺少克服它们的勇气和信心，或者是被各种原有的条条框框所左右。所以，无论在何时，都要勇敢地迈出第一步，只有这样，我们才有机会获得成功。

只要敢于蔑视困难、把问题踩在脚下，最终你会发现：所有的“不可能”，都有可能变为“可能”。

科尔刚到报社当广告业务员时，经理对他说：“你要在1个月内完成20个版面的销售。”

1个月内销售20个版面？这看起来根本不可能，因为报社最好的业务员1个月最多才销售15个版面。

但是在科尔看来，任何事情都是“有可能”的。于是，他把之前别人招揽不成功的客户的名单列了出来。在拜访这些客户之前，科尔对自己说：“在这个月月底之前，你们都会向我购买广告版面。”

在最初的一个星期里，他没有任何成果，但到第二个星期的时候，他和其中的5个客户达成了交易。又过了一个星期，他成交了

10笔交易，到了月底，他成功地完成了20个版面的任务。他因此成为公司的业务表率。当经理让他向大家分享经验的时候，他没有多说什么，只是告诉大家不要害怕被拒绝，只有这样，才能将理想变为现实。

报社同事给予了他最热烈的掌声。

其实，在我们的生活中也会发生这样的事情，当你鼓足勇气想要做好一件事情的时候，有人会告诉你：“那是不可能的！”此时，你应该这样想，对他来说，这件事情是“不可能”的，但对你来说或许就是“可能”的。在成功之前，千万不要泄气，坚信自己一定能够做好，这样就会有很大可能取得意想不到的效果。

在积极者的眼中，永远没有“不可能”，取而代之的是“不，可能”。积极者用他们的意志、他们的行动，证明了他们能做好。

在任何时候，都要相信足够的意志力、头脑和信心是成功的必备要素。只要拥有这些素养，相信你离成功就不远了。如果现在很多事情还不在你的掌握之中，是因为你没有找到解决问题的办法。做任何事情都不要给自己过于设限，要通过自己的努力找到解决问题的办法，不能整天为自己的不努力找借口。正如哈瑞·法斯狄克所说：“这世界现在进步得太快了，如果有人说某件事不可能做到，他的话通常很快就会被推翻，因为很可能另一个人已经做到了。在信心和勇气之下，只要我们认为可以做到，就可以以科学的方法推翻‘不可能’的传说，我们就可能做成任何我们想做的事情。”

尊重经验，但永远不要被经验束缚

在这个信息化的社会，虽然信息在日日更新、时时更新，但是习以为常、耳熟能详、理所当然的事物依然充斥着我们的生活，于是经验就成了很多人判断事物的标准。

当今社会瞬息万变，机遇转瞬即逝，我们需要的是懂得及时转变智慧，而不是教条的模式。

从古至今，无数事实证明了经验的作用是带有两面性的。在很多情况下，经验的确能启示人们做出正确的决定，然而，太过注重经验有时候也会成为人们前进道路上的绊脚石。

老刘在一家建筑公司做工程师，尽管工作经验非常丰富，但在一次给新楼安装电线的工作中，遇到了难题：在一处直径仅有3厘米且要拐4道弯的管道里将电线穿过去。他从来没有遇到过这样的难题，无法下手，就向新来的工程师求救，显然，这个新来的工程师没有老刘的工作经验丰富，但是却想到了一个好办法：用一公一母两只老鼠，将其分别放到管道两端的出口，在公鼠的身上拴上一根线，用母鼠在管子的另一端引诱公鼠钻过管道，等公鼠到了母鼠这一端，身上的线也随之到了管子的这端。

通过这种方法，这个看似根本无法解决的问题就得到了解决。

在现代社会中，专业分工越来越细，各方面都在向专业化方向发展，具备综合素质的人越来越少。所以，有创造力的人也就越来越少。专业的深度在一定程度上限制了技艺的广度，所以在现实生活中，人们应该尽力多学一些知识。只有这样，才能少受限制。

因循守旧者的典型特征是抱着自己的老观念不放，不愿接受新事物，这本身就是思维上的惰性所致。想要成功就必须学会时刻“洗脑”，创新求变，才更容易成功。

在电影早期时代，无声电影统治了电影业很长一段时间，以至于电影公司都已经习惯了。当有声电影技术慢慢成熟的时候，许多无声电影公司一家接一家地倒闭了。华纳公司则是例外。在度过一段相当艰难的财政危机之后，他们吸取教训，放弃了原来的老路子，开始制作有声电影。

这一改变不仅使华纳公司获得了巨大收入，而且还使它成为电影界的龙头。

1951年的一天早晨，贝尔实验室的主任告诉所有高级研究人员，整个美国的电话系统在头天晚上被全部毁掉了。“现在，”他说，“我们不得不从零开始设计，填补这个空白。”研究人员意识到主任并没有开玩笑的时候，他们开始了新的设计。从那天起，他们陆续发明了按键式电话机、呼叫者ID显示电话机以及无绳电话等新产品。

创新常常是置之死地而后生的产物，会带来阵痛，也会有牺牲。但是，只要我们学会冷静地思考，用“天下之事，因循则无一事可为，愤然为之，亦未必难”来启迪自己，用“智者不袭常”来引导自己，那么，我们所看到的就会是另一番美妙的光景。

第五章

别让坏习惯毁了你

注重细节，培养谨慎细心的思维习惯

细节，顾名思义，就是一些细小的情节，与整体相较起来，它们显得微不足道。但是，千里之堤溃于蚁穴，很多时候，往往就是这些被我们忽视的细节，令我们功败垂成。

某公司的老总因公到泰国出差，他入住了泰国东方饭店。这虽不是他第一次入住，但距离上一次也已经很久了。

一天早上，这位老总走出房门，准备去楼下用餐，当他走到电梯旁时，楼层服务员走上前，说："先生，您要下楼用餐吗？"老总点点头，他很惊讶为什么楼层服务员会认识自己，但是又一想，也许是因为自己常常在媒体报道中出现，有了一定的知名度。想到这儿疑问也就打消了，于是快步走进餐厅。

"先生，您早，里面请！"餐厅服务员在门口迎接着。"她怎么也认识我？"老总不禁愣在那儿。餐厅服务员看出了他的疑惑，马上询问："先生，有什么需要帮您的吗？"

"你们认识我吗？"老总问道。

“是的，我们这儿有规定，当客人入住时，一定要认清每一位客人。”小姐微笑着回答。

“哦！”老总不由地在心中赞叹，他继续问，“那你怎么会在电梯口迎接我呢？”

楼层服务员微笑着解释说：“上面打来电话，说您要下楼用餐了。”

老总惊讶于泰国东方饭店办事的高效率和体贴入微的服务。

当服务员把这位老总引到餐厅后，问道：“先生是要老位子，还是换个新位子呢？”

“老位子？”老总奇怪地问，“难道我去年用餐的位子你们还记得？”

“是的，我已经查过您的记录，在去年6月8日的时候，您在靠第二个窗口的位子用过早餐。”服务员准确地说出了位子，老总心里激动万分，忙说：“那就老位子吧！”说实话，连他自己也不记得去年在哪个位子用的餐。

服务员很快把早餐端了上来，一份样子很特别的糕点摆在了桌子上。老总好奇地问：“中间那个红色的是什么？”

服务员看了一眼，然后身子自动向后退了一步为他做了解释。

“旁边黑色的是什么做成的？”老总又问。

服务小姐向前看了一眼，又后退一步再做解释。

老总心中对泰国东方饭店的服务佩服至极，服务小姐为了防止说话时口水溅到食物中，先后退一步再为客人解释，连这种极其微小的细节都被泰国东方饭店注意到了！

泰国东方饭店给老总留下深刻印象，只是一次短暂的泰国之旅就这样令人难忘。5年后的一天，老总突然收到一张贺卡，里面还有一封简短的信："亲爱的先生，您已经5年没有光顾泰国东方饭店了，我们全体人员非常想念您，希望您再次光临。今天是您的生日，祝您生日愉快。"这时，老总才想起，原来今天是自己的生日，他十分激动地对身边的人说："如果再去泰国，一定要给我预订泰国东方饭店。"

创造辉煌和卓越的并不是天才，而是那些微小的细节；挽救伟大事业的并不是英雄，而是高度的责任心。泰国东方饭店之所以能够成为一流酒店，那是因为他们不仅提供了舒适的居住环境，还注意到了每个细节，把细节变得完美，才创造出极致的居住体验。

俗话说"细节决定成败"，人生由细节构成，细节中往往包含着决定成败的因素，如果一个人能时刻注重细节，养成谨慎细心的做事习惯，那么就等于把握住了成功的脉搏。

1. 从小事做起，注重细节

一个人习惯好不好，素质高不高，往往体现在一些小事上。在平时要注意自身的细节，时刻提醒自己。例如，注意自己的仪表以及待人接物的礼仪。一开始的时候可能有些累，但等你习惯这之后，会让你终生受益。

2. 把每一件小事做好

考验一个人能力的最好办法，就是看他是否能用心做"小事"，能否将小事做细、做透。下足功夫做好小事，看到细节背后事物的内在联系，把不起眼的小事做细，才能够有坚实的基础去做大事情。

3. 细心观察，抓住细节

机遇是是每个人都想要得到的。机遇往往藏匿在细节当中，抓住机遇的前提，就是要修炼一双善于发现的眼睛。学会观察平凡的小事，观察每一点不同，关注细微的差别，发现藏在细节中的每一个机会，机遇往往就会悄然而至。

请带着勤劳面对生活

一分耕耘一分收获。勤奋不仅是一种人生态度，更是成功的关键，要想取得非凡的成就，就不能懒惰，要实实在在地付出，勤勤恳恳地做好每一件事。

西奥多·帕克是美国马萨诸塞州莱克星顿镇上一个小农场主的儿子，因为要经常帮助父亲干活，没有去上学读书。然而在某天下午，一向不会偷懒的他却向父亲请求明天放他一天假。父亲听了儿子的请求后无比惊讶，要知道这可是农活儿最忙的时候啊，儿子少干一天，就可能影响他整个劳作计划。但是，面对儿子企盼而坚决的目光，父亲还是答应了他的请求。

西奥多请一天假去做什么呢？原来，这一天他要去10英里（1英里约为1609.34米）之外的哈佛大学参加一年一度的新生入学考试。从8岁那年起，西奥多就没有真正地上过学，只有在冬天农场比较清闲的时候，他才能挤出两三个月的时间学习。只要有空，他就到处借阅书籍，以此汲取大量的知识。他非常想要一本拉丁词典，但无论他如何努力都一直未能借到。实在没办法，在一个夏天的早上，他早早地跑到原野里采摘了一大筐浆果背到波士顿去卖，所赚得的钱正好换回了一本拉丁词典。

付出必有回报，在哈佛大学的入学考试上，西奥多顺利地做完了试题。当他第一个上交试卷时，监考老师们都惊奇地瞪大了眼睛。当听到其中一位监考老师说他是一个很少去学校读书的贫穷少年时，另一位监考老师当即拿起他的试卷开始批阅，没一会儿就对西奥多说："小伙子，祝贺你，你很快就会接到录取通知的。"

当西奥多深夜回到家把自己通过考试的事情告诉父亲时，父亲非常开心地说道："好样的，孩子！"但父亲又不无遗憾地告诉西奥多："但是，我没有足够的积蓄供你去哈佛读书啊！"而西奥多却说："爸爸，没事的，我只是在家里自学，不到学校去住。只要通过了考试，我就可以获得学位证书以及毕业证书。"之后，西奥多果真成功地做到了这一点。当他长大成人后，他用自己辛苦换来的钱交了学费，又在哈佛大学学习了2年，最终以优异的成绩毕业。

随着时间的流逝，当年这个很少有机会进学校读书的小男孩，终于成为一代风云人物。作为著名的废奴运动倡导者和社会改革家，他先后成为国务卿西沃德、首席法官蔡斯、著名参议员萨姆纳、著名教育家荷拉斯·曼、反奴协会主席温德尔·菲利普斯等人的密友和事业顾问，对美国的发展产生了极大的影响。

成功从来不会一蹴而就，很多时候，我们总是羡慕别人的成功，却从来不去想别人在获得成功之前付出过怎样的努力。我们总是在不停地追问“为什么我不能成功”，却不去想自己是否努力过，是否和别人一样勤奋。

“书山有路勤为径，学海无涯苦作舟。”这充分告诉我们勤奋的重要性。

勤奋不仅仅是一种习惯，它体现的是一种积极、主动的进取精神，一种坚定不移、永不放弃的坚强意志，一种迅速行动、行事准确的办事能力。很多人是凭借勤奋走向成功的。

人生的道路上永远没有驻足的驿站，只有永不止步、奋勇向前。你的投入或许无法立刻得到相应的回报，但不要气馁，我们应该一如既往地努力拼搏。只有这样，才能一步步靠近成功的彼岸。

把主动和优秀变成一生的习惯

只要努力了，就有获取成功的可能。如果你不主动去努力，就一丝机会都没有，毕竟机会源于你的努力争取。所以，不管做什么事，都应该努力，这样我们就能得到更多，成功的机会也会更多。

在遥远的海滨，住着一个渔夫，他捕鱼的技术非常厉害，被人们尊称为“渔王”。然而渔王年老的时候非常苦恼，因为他三个儿子的捕鱼技术都很平庸。

他时常向人诉苦：“这是为什么，我捕鱼的技术这么好，儿子们的技术怎么会这么差？我从他们懂事起就开始传授他们捕鱼的技术，从最基本的东西教起，告诉他们怎样织网最容易捕捉到鱼，怎样划船最不会惊动鱼，怎样下网最容易请鱼入瓮。他们长大了，我又教他们怎样识潮汐，辨鱼汛……凡是我总结出来的经验，我都毫无保留地传授给了他们，可他们的捕鱼技术竟然赶不上技术比我差的渔民的儿子！”

一位路人听了他的诉说后，便问道：“你一直手把手地教他们吗？”

“是的，为了让他们得到一流的捕鱼技术，我教得很仔细很耐心。”

“他们一直跟随着你吗？”

“是的，为了让他们少走弯路，我一直让他们跟着我学。”

路人说：“这样说来，你的错误就很明显了。你只传授给了他们技术，却没传授给他们教训。没有教训与没有经验一样，都不能令人成大器。”

路是自己走出来的，就像我们学习行走时，只有放开搀扶的手，我们才会跌跌撞撞地学会走路。人生也是如此，只有在经历无数次的跌倒和爬起后，我们才会到达目的地。一个人如果不相信自己能做那些从未做过的事，养成了只会追随别人的习惯，那么他绝对不会很成功。只有领悟到这一点，不依赖于他人的帮助，不断努力，才能成为杰出人物。

有两个年轻人，一个叫李斯，另一个叫陈诺。两人在同一家超市上班，半年后陈诺青云直上，薪水涨了好几次，李斯却仍然在原地踏步。因此他非常不满意，认为总经理对他不公平。于是他找到总经理并对他发起了牢骚。经理一边耐心地听他说，一边在心里盘算着怎么向他解释他和陈诺之间的差距。

“小李啊！”经理开口说道，“你的事情我们要先了解一下情况，你明天早上先到集市上，看看都有什么东西在卖，然后回来给我们说说。”

第二天李斯很早就从集市上回来了，他对经理说："经理，今天早上集市上只有一位老人家拉了一车土豆在那儿卖。其他的就没有了。"

"哦，是这样啊！那你问多少钱一斤了吗？大概还有多少斤？"经理问道。

李斯听了经理的话，又往集市上跑去，一会儿回来对经理说："老人家说，大约还有300斤左右，2毛3一斤。"

"土豆是什么地方产的，你知道吗？还有，是今年产的还是去年产的？"

李斯又匆匆忙忙地跑去问，回来之后经理对他说："你先坐在这儿，一会儿陈诺回来了，你看看他是怎么说的。"

几个小时后陈诺从集市上回来了，和经理打了一个招呼，然后拿出一个笔记本，很快就把今天集市上老人卖土豆的事说了，除了李斯问过的那些问题，他还让老人家把土豆送一些到超市来，另外请老人把他家里的其他蔬菜也送一些过来，因为这几天他们卖的蔬菜都是老人送来的，而且卖得非常好。

经理笑了笑，然后转身对李斯说："小李，现在你应该明白为什么小陈的薪水比你高了吧！"李斯不好意思地低下了头，默默走出了办公室。

学会主动，才能拥有掌握自身命运的权利。要成为强者，首先必须学会主动出击。

学会主动，往往可以在事业上有一番成就。而那些一心想要成功，却整日妄想有人主动来到自己家门前，给自己提供一个好职位的人，最后只能追悔莫及。在这个人才辈出的时代，我们要以自信的态度去主动迎接人生的每一个挑战。只有如此，才能掌握先机，成为自己命运的主人。

时刻带着“计划”上路

无所事事的人没有意识到自己拥有世界上最宝贵的资源，漫无目的的人对时间的使用缺乏规划性，所以他们总是虚度光阴。别说碎片时间了，就算他们每天能额外获得8个小时的完整时间，对他们来说也毫无用处。

正如斯宾塞所说：“必须记住我们学习的时间是有限的。时间有限，不只是由于人生短暂，更由于人事纷繁。我们应该力求把我们所有的时间都用来做最有益的事情。”

鲁迅先生也说：“节省时间，也就是使一个人的有限的生命，更加有效，而也即等于延长了人的生命。”

所谓节省时间，其实就是提高时间利用率。这不只是要求我们把有限的时间花在重要的事情上，还要求自己能在同样的时间内完成更多的事。

快节奏的互联网时代，时间在不断升值的同时，也变得越来越零碎。于是，如何在时间碎片化的大环境下更快更高效地做事，成了大家关注的焦点。

提高时间利用率的法门之一就是加强计划性。忽视规划时间的人，就会变成时间的奴隶，在不知不觉中浪费了大把改变命运的良机。而那些善于做计划的人，则能充分挖掘出时间中隐藏的巨大价值。

若想加强工作生活的计划性，首先得好好认清时间的特性。

按照时间连续性大小，我们把它分为整块时间与碎片时间。整块时间相对完整而且较长，比如2个小时的考试时间、90分钟的比赛时间、一上午的训练时间、8个小时的工作时间。与整块时间相对应的环境通常封闭而单一，外界干扰相对较少。如果善于利用这些整块时间，就容易集中精力去完成任务，从而让你的时间利用率保持在较高的水平。

与整块时间相对的概念是碎片时间。碎片时间通常是指工作、学习之余零零碎碎的空余时间。这类时间通常不算太长，不太适合做太过耗费脑力的事情，比如等地铁、排队、等人等都是碎片时间。碎片时间除了比较短之外，连贯性也很差，所以更容易被人们忽略。然而，如果将碎片时间累加起来时，就会发现其长度不亚于整块时间。正如美国现代成人教育之父卡耐基所说："零星的时间，如果能敏捷地加以利用，可成为完整的一大段时间。"

根据时间类型的不同制订计划只是第一步。除此之外，我们还应该设法加强自己的注意力。如果注意力涣散的话，整块时间再长也会被浪费掉。若是能保持全神贯注，你就会发现平时2～3个小时才能做完的事情，或许只花1个小时就能搞定了。

佛学将人对某件事全神贯注时的精神状态称作"入定"，美国心理学家米哈里·希斯赞特米哈伊则把这种精神状态定义为"心流"。

当我们全身心地投入到某件事时，内心会产生一种高度兴奋的情绪，随之而来的是前所未有的充实感。这会让我们淡化时间感，专心致志而不觉光阴流逝，工作与学习的效率空前提高。在这种精神状态下，人的思维能力可以发挥出最高水平。

“心流”状态下，时间的利用率自然就会提高。不过要进入这种“浑然忘我”的状态，需要一定的条件。

我们非常热爱的事、处理方案明白如画的事、可以马上得到回报的事、拥有主导权的事、让我们很有成就感的事……当我们做这些事情时，就容易进入“心流”状态，从而提高时间的利用率。特别是在整块时间内，工作学习效率会达到峰值。

而在规划时间之前，你得先了解自己每天的时间状况。你的整块时间与碎片时间各有多少。先坚持记录一段时间，以了解自己。

可以先拿2个星期作为一个阶段，每天记录个人的时间分配状况。比如，每天做家务花多少时间，看节目花多少时间，接电话用了多少时间，写日记用了多少时间……每一笔都如实记录清楚，从几点几分开始到几点几分结束。

这样下来，你就能采集到关于自己每日时间资源的真实数据，从而分析出哪些是整块时间，哪些是碎片时间。然后，多坚持记录几周，再对比一下自己平时对时间的运用是否充分。是用于正事的时间多，还是在无聊的小事上耗时多。

当你对时间不够用感到头痛时，说不定只是个假象。真实情况可能是你把时间过多地浪费在了干扰因素上。假如没有详细的统计记录，你根本不明白自己对时间的利用有多么混乱。充分了解自己的情况，是规划好时间的前提。

哪些日常事务的时间可以削减？哪些碎片时间足以完成某些小事？把每天要做的事情按重要性、难度从高到低的顺序进行排列，然后估算出做每件事所需的时间。排除某些铁打不动只能做某些事的整块时间，把剩下的大小事务与每天所有的碎片时间进行组合。能5分钟完成的小事，对应的碎片时间就不要选择8分钟的。通过这种优化组合，我们可以避免为小事花费过多的碎片时间以及整块时间，提高时间资源的利用率。

在此基础上，我们还应当注意以下原则：

1. 设法让时间变得更完整

通过记录与整理，我们会发现碎片时间多得惊人，整块时间并不多。对此，我们应当尽量减少碎片时间，让时间变得更加整块。尽量把那些与整块时间联系紧密的碎片时间合并起来，从而延长为更有利于集中精力做大事的整块时间。

2. 尽量避免其他因素切碎你的时间

人们在生活工作中少不了受到外部环境干扰。比如：突然接到的电话、别人交办的新问题、旁人的喧哗，都可能打断你的注意力。一旦注意力不集中，人的整块时间就会被切成碎片时间。对此，我们可以按照“重要性”与“紧急性”来判断如何处理这些节外之枝。

假如插入事件重要而紧急，就马上调头去做这件事（别忘了记录手头工作的要点与中止时间，这也要写入时间管理日志中）。如果既不重要也不紧急就不必马上去做，只需先把事情记录在自己一眼看得到的地方，回头再抽时间处置。这样一来，我们就能减少时间被切碎的问题。

3. 不要随意把他人的时间碎片化

如果不是必要的话，人们都不喜欢把自己的时间化整为零。经常打断他人的人，应该反省一下自己，因为“己所不欲，勿施于人”。

4. 用无法避免的碎片时间来处理琐事

无论怎样，碎片时间总是客观存在的。这些碎片时间不适合做复杂而持久的事，但可以做一些短、平、快的琐事。比如：修养精神、做一些轻量运动、看几页书（纸质书和电子书都行）等。

美国诗人朗费罗说：“不要以感伤的眼光去看过去，因为过去再也不会回来了，最聪明的办法，就是好好对付你的现在。现在正握在你的手里，你要以堂堂正正的大丈夫气概去迎接如梦如幻的未来。”

我们不必为过去浪费时间的坏习惯而感到悔恨。只要从现在开始勤于规划和管理时间，就能成为时间的主人，并更好地完善自己。

空想一百天，不如行动一天

空想家和梦想家都比不上实干家，因为前两种人都有可能发展成“思想上的巨人，行动上的矮子”。想象固然美妙，但终归不过是空中楼阁，不付诸行动一切都是枉然。很多人都满足于天马行空的幻想，然后自欺欺人地把它们包装成理想。

只想不做是人性的弱点之一，有的人认为令人愉悦的空想可以起到望梅止渴的作用，能从根本上改变自己的精神状态，但是不要忘记了，前提是你真有把空想变成现实的打算，并且已经开始投入到行动中了，否则一切皆是虚妄。

某食品公司新招了一名质检经理，名叫张华。刚进公司，张华就表现不凡，在上班后的第五天，他就向董事长递交了一份加强公司产品品质管理的建议书。

张华在这份建议书中一条条地列举了加强公司产品质量检测的若干意见和具体实施办法：多久能开发出新产品；一年内让公司通过ISO9000质量管理体系认证；产品的质量要超过主要竞争对手等。

这份建议书为公司描绘了一个发展无限的美好前景，而且，张华还表示要为公司建立一套规范、完善的质量监测和管理体系。

董事长看了这份建议书，对张华大加赞赏，立即表示公司将全力支持张华的工作，并且说希望一年后能见成效。

但是，一年过去了，这家食品公司还是没有建立起一套完善的质量监测和管理体系，公司产品的质量也没有得到改善，反而原本不多的市场占有份额更加缩水；准备申请ISO9000质量管理体系认证的资料竟然还未准备齐全，就更别提上报有关单位了。

当董事长询问张华是怎么回事时，张华辩解说自己实在太忙，有时是检查仓库原料的库存，核对数量、进货日期，有时是帮助车间工人修理机器，处理员工纠纷等事务，所以根本就没有时间去考虑质量体系的建立与实施。

张华的忙其实就是一个借口，一个为自己一事无成而开脱的借口，表面上看似乎很合理，其实没有丝毫的意义，只不过是掩饰自己没有行动的托词罢了。

纵观社会，我们的身边其实有很多人像张华一样，只说不做，究其原因，并不是他们当初的目标太高、无法实现，而是他们缺少行动。

梦想脱离了行动，就会沦为空想和幻想。现实是此岸，理想是彼岸，中间隔着险滩激流，行动是连通两岸的桥梁，没有它，我们永远也到不了对岸，实现不了自己的人生宏愿。人生短短数十载，如白驹过隙，如果我们只是沉迷于空想，不能充分利用有限的时间做些有益的事，那么我们的一生都会充满遗憾。

卢安克说："以前我的思考都在头脑里发生，我想到了但做不到；现在我做到了，因为思考变成了生活，变成了行为。"想法只有转化成行为，才能使理想变成现实。你的脑海里也许曾盘旋过无数个振奋人心的计划，如何从一名普普通通的小职员晋升为高层管理者，或者想尝试创业，幻想着把自己的分公司开遍全国，但是两年过去了，你仍旧在规划，没有付出任何的实际行动。很显然，这种画饼充饥的空想并不能改变你的人生。那么怎样做才能改掉爱空想的坏习惯呢?

1. 战胜恐惧心理，勇敢迈出第一步

一名伞兵教练曾经说过，跳伞本身没有那么可怕，但是等待跳伞的过程却极其难熬，在临近跳伞的那一刻甚至有人会因为过于恐惧而晕倒。如果不能鼓励他跳第二次，他就一辈子都不能成为伞兵了。跳伞时拖得越久心里越恐慌，成功的概率也就越低。喜欢空想而不愿意付诸行动的人，有时是因为被恐惧绊住了脚步，越是延迟行动越是对自己没有信心，最终只能把计划束之高阁。当你勇敢跨越第一步时，你就会迅速拉近理想与现实的距离，因为好的开始等于成功的一半。

2. 激励自己为理想而奋斗

有的人只喜欢幻想和空谈，不愿付出任何努力，究其缘由，和其懒散的个性有很大关系。所谓"业精于勤荒于嬉"，对于只想着嬉戏娱乐的人来说，奋斗当然是辛苦的，但是"一分耕耘一分收获"，懒懒散散，从不耕耘，当然不可能有任何收成。因此，想要改变自己爱空想的习惯，必须克服懒惰的恶习，激励自己为梦想而拼搏，用辛勤的汗水浇灌理想之花。

太过固执己见，终会得不偿失

每个人都有根深蒂固的个人观念，只不过有的人善于听取别人的意见，而有的人则喜欢一意孤行、固执己见。所谓兼听则明、偏信则暗，多方面听取他人意见才能洞悉世情、明辨是非，而只听取单方面的意见就会做出愚昧的判断。有些人从不采纳任何人的意见，刚愎自用、独断专行，甚至不可一世，结果付出了惨重的代价。

太过固执己见往往使人闭目塞听，将所有良言拒之门外。这种行为无疑会让你的视野变得狭窄，进而导致你做出极不明智的行为，等到你深受其害时再去追悔，已经太迟了。

古今中外因为一意孤行而走向悲剧的历史人物不胜枚举。波斯国王大流士不听劝谏，执意征讨希腊，结果惨败而归；西楚霸王项羽不听亚父范增的建议，在鸿门宴上放走了刘邦，最终落得四面楚歌、乌江自刎的下场；隋炀帝不听臣下劝言，三次讨伐高丽，隋军损兵折将，大大消耗了隋朝的国力，阶级矛盾进一步激化，导致隋末农民起义爆发。在现代社会中，因为不听劝告、固执己见而吃大亏的人也非常之多。

他们自恃过高，不接受任何人的任何意见，任亲朋好友怎样费尽唇舌劝说，仍是执迷不悟，直到吃尽苦头才幡然醒悟。有的人自信过了头，从不相信任何人的判断，把偏激当执着，坚定不移地挺近危险重重的境域，等到泥足深陷无法自拔的时候才后悔。可见太过固执己见害处多多，那么我们应该怎样改掉这一不良习惯呢？

1. 加强自我调控，克制对不同意见的抵触情绪

太过固执己见的人听不进劝告，主要是因为自尊心过强，只要听到反对意见，就会立即产生抵触情绪，把别人友好的意见当成对自己的否定，进而产生排斥心理。要想改变自己固执的性格，必须学会控制自己的情绪，使自己的心胸开阔起来，不要一听到不同的声音就暴跳如雷，要心平气和地了解他人的想法，不要一味顽固地坚持自己的观点。

2. 改掉骄傲自负的缺点，虚心向他人学习

三人行，必有我师焉。每个人身上都有值得学习的优点，不要狂妄地认为自己是理性与智慧的集大成者，而别人都是愚昧无知的，所谓“满招损，谦受益”，谦虚不仅是一种美德，还是治愈你固执己见之顽疾的良方。当你懂得向他人虚心学习和讨教的时候，自然会更乐于接纳不同的意见。

3. 广交良友，降低自己的固执程度

良友如镜，可以让你更深刻更全面地认识自己。挚友能抚慰你的心灵，诤友则能规劝你和提醒你，使你不至于固执地选择错误的方向，因此广交良友是稀释你固执这一点的良方之一。

第六章

让“立即行动”带你走向成功

成功之前，你没有资格为自己辩解

在生活中，我们遇到各种困难，都会习惯性地找借口。殊不知，在惯性思维下，正是这些借口阻碍了我们。纵观那些成功人士，并非都比我们聪明，他们中的大部分也是资质平平，但他们为什么能取得成功呢？根本原因就是，他们从不为自己找借口，而是想方设法地为自己找出路。

提起王宝强，我想很多人都知道。他从来没有接受过任何影视表演方面的培训，但他凭着忠厚老实的性格以及坚持不懈的努力，在影视界取得了不错的成绩。

王宝强拍的第一个武打戏是电影《巴士警探》，当时他只是男主角的替身。动作片的替身工作危险性非常大，王宝强要完成的动作是从一架2米多高的防火梯上直接摔到坚硬的水泥地上。这么危险的动作，想想都会害怕。

假如是一般人，也许就放弃了，然而王宝强却没有为自己找借口让自己放弃，他只是想，既然决定做替身，就一定要做到最好。他上场了，第一次摔下来，导演不满意，说动作不到位。第二次，还是没过关，这时王宝强已经摔得浑身疼痛了。第三次、第四次、第五次……不知摔了多少次，导演终于说通过了。此时，王宝强已经不能动弹了。

很多武术指导都被王宝强的这种敬业精神感动了。别人都是假摔，而王宝强是真摔，换作是别人，一定经受不住疼痛找个理由就放弃了，然而，王宝强做到了，而且做得很好。此后，他开始有了名气，慢慢地从替身到配角，再到主角，成就了事业的辉煌。

王宝强是一个普通人，但他工作起来十分卖力，从不找借口，他靠着这种精神，终于走到了成功的彼岸。这给了我们深深的启示：无论我们做什么事都不要找借口，找借口只会让我们寸步难行。

人的大脑是一台非常精密的仪器，它的创造力远远高于我们的预期。但是，甘愿失败的人则会找出无数个借口，来和大脑的灵感对抗。有的人会说，不着急，反正这个想法不会跑，等明天再做也不迟，可是到了明天，他早就把这个点子抛到了脑后。有的人会说目前还缺少很多东西，等一切具备了再做也不晚，可等条件成熟了，好的主意早就变成别人的行动了。有的人会说，这个主意并不完美，我要做就做一个最完美的，一鸣惊人，可是，不把这些想法付诸实际行动，完美从何而来呢？

某一天，一封来自前线的急电递到了列宁手上，电报上大意是：冬天到了，士兵缺少衣服，弹药也快用完了，十万火急。然而总部机关迟迟未予回复。

列宁赶紧让通讯员把电报送到了总部，一个小时后，列宁打电话给部长，询问电报是否收到了。部长说："没有收到。"列宁请部长去查邮件，部长回答："我马上去，然后给您电话。"

"不，我就拿着电话等着。"列宁说。

部长不敢迟疑，马上检查了电报，发现电报已经送达。他告诉列宁："电报收到了，我和同志们研究一下，再回您电话。"

"不，我等着。"列宁说。

不一会儿，部长就汇报说："一切都安排妥当，正在和服装管理处联系，我随后告诉您消息。"

"不，我等着。"列宁仍然坚持说。

于是部长马上联系了服装管理处，很快，问题解决了。在列宁的督促下，拖延了一个月的问题，解决起来其实只用了不到半个小时。

借口会让很多本可以立刻得到解决的问题拖延很久。要想成就一番事业就应该勇于战胜自我，从现在开始，尽快丢掉那些为自己辩解的借口，立刻采取行动。

成功者从不为自己的失败找任何自我安慰的借口，他们知道坚持和努力的重要性，更明白从失败中寻找经验比任何借口都有意义，他们会把这些宝贵经验收集起来作为下一个成功的起点。这样逐渐累积，他们就赢得了最后的成功。

行动只需一个理由

在日常生活中，大多数人都有拖延的习惯，很可能因此赶不上火车或者上班迟到，甚至是错过人生最重要的时刻。因此，提醒广大朋友们，凡事只要想到就去做。如果你在梦想产生时没有立刻去做，就可能会因为一再犹豫导致无行而终。一定要记住4个字：立刻去做。

霍华德·休斯是世界闻名的飞机大王，他的父亲是一名石油投机商，在休斯16岁的时候，他的母亲不幸去世，2年之后，父亲也离世。年仅18岁的休斯继承了父亲75万美元的遗产，成为休斯工具公司的董事长，开始了单枪匹马闯天下的人生。

年轻的休斯非常喜欢电影拍摄事业，然而他最初踏入电影界时并不顺利。不过，执着的休斯对电影并没有失去兴趣，而是不停地寻找机会。

休斯酷爱驾驶飞机，一次，他驾驶着飞机在空中翱翔时，突发奇想：我为什么不拍一部表现空战的片子呢？我想观众们一定会非常喜欢的。他联想到1918年第一次世界大战那次震撼人心的场景：英国空军中校达宁率领数架索匹兹骆驼号战斗机进行越洋轰炸任务，任务是轰炸德军东得伦空军基地，那次轰炸极其成功，英军只损失了1架飞机，而德军损失惨重，2艘军舰和2艘飞艇都被击毁。休斯是个想到就立刻行动的人，他果断决定将这次空战搬上银幕。他打算用真正的飞机来拍摄，因为他认为这样一定能取得最佳的影视效果，一定比实战更刺激、更壮观。他把影片的名字暂时定为《地狱天使》。

休斯立即行动起来，不惜花费210万美元租用了数十架飞机，其中包括著名的骆驼号轰炸机、德国的福克战斗机、法国的斯巴达战斗机、英国的SE5战斗机，并邀请了135名优秀的飞行员，雇用了2000名临时演员，几乎把好莱坞一半的摄影师都聘请过来。影片的演员阵容空前强大，令整个美国电影界震惊不已。结果，《地狱天使》取得了巨大的成功。

休斯除了创造出这个空战大片的奇迹之外，在驾驶飞机方面，他也向世人展示了奇迹是如何创造的。

休斯在一次全美短程飞行比赛中以302公里的时速成功夺冠。然而休斯不满足于此，给自己设立了更高的目标。1927年，美国飞行员林白驾机飞越大西洋创造了世界纪录，休斯为了打破林白的世界纪录，他决定研制新型飞机，用来弥补传统飞机的缺陷，他高薪聘请了两位优秀的飞机设计师：欧提卡克和帕玛。欧提卡克是一位同样热衷飞行的机械工程师，帕玛是一位对制造新型飞机有许多构想的天才。对疯狂追求速度的休斯来说，这两个人可谓是不可多得的人才。后来，他们用了1年零3个月的时间，制造出机身长为8.2米、机翼长为7.6米的H1型单翼飞机。该飞机造型独特，机身特别短，试飞人员都不敢驾机试飞，而休斯决定亲自试飞。

1935年9月13日这一天，等一切准备工作就绪后，天色已经接近黄昏，很显然现在不适合进行试飞，但休斯却等不及。他穿上飞行服后便迫不及待地跳进机舱，然后启动了引擎，操纵着飞机，飞机缓缓飞上了天空。

测试速度开始了，第一次的速度达到每小时556公里，休斯通过无线电得到来自裁判技师的测试数据，由于飞机没有做水平飞行，违反了航空协会的规则，成绩被迫取消。休斯毫不气馁，紧接着做了第二次飞行。

“世界纪录诞生了！霍华德·休斯创造了世界纪录，时速已达566公里！”裁判兴奋地叫喊着。

休斯欣喜若狂，不过他并没有立刻降落，因为他还想创造新的世界纪录。第三次试飞只有542公里，休斯不甘心，他决定再飞一次！“奇迹出现了，567公里！霍华德·休斯又创造了一个新的世界纪录！”裁判更加激动地喊着。

此后，霍华德·休斯一直没有止步，他依旧为了挑战环球飞行纪录不断努力着。

有不少人看到霍华德·休斯的成功后会说：“只有那些富人才能创造奇迹。”其实并不是这样的，生命的本身就是一个奇迹，用奇迹般的生命来创造奇迹是完全可能的。否则，石头下的小草就无法生存，一粒种子就无法在没有任何外力的情况下破土而出，从而迎接阳光的洗礼。

那些想成就大事的人从不会用幻想来麻醉自己，因为他们知道，幻想过后要面对的是幻想与现实间的巨大落差带来的巨大痛苦。与其如此，不如将承受巨大痛苦的时间和精力付诸行动，用行动来创造奇迹。

好高骛远终会让你一事无成

明天就要参加高考了，老师决定做一下“战前动员”。他召开了班会，鼓励同学们将自己的目标大声地喊出来。

一名品学兼优的学生站起来，大声说道：“我要考上师范大学，将来做一名优秀的人民教师！”全班同学报以热烈的掌声，老师也赞许地点点头。

这时，一个平时不努力学习的学生站起来，吊儿郎当地说道：“考什么大学，当什么老师，我要当，就当比尔·盖茨！他也没大学毕业，但成了世界首富，赚大把大把的钞票！”

全班一片哗然。

这位学生可能不太清楚，首先，比尔·盖茨离开哈佛的时候，已经符合了毕业的各种条件，他之所以没有选择等待而是急于毕业，是因为他要及时掌握住微软的发展机会。其次，盖茨从小成绩优异，在哈佛上大学期间，一直都是品学兼优的精英学生。所以说，成为世界首富不是那么容易的，正是因为盖茨在求学时就打下了坚实的基础，才有了日后震惊世界的伟大业绩。

这位学生光有成为世界首富的宏大目标，但是没有成为世界首富应该具备的坚实基础，如此不切实际，就叫作“好高骛远”。

好高骛远的危害显而易见。我们常常会看到这样的人：无所事事却整天盼着经高人指点一鸣惊人。

平时碌碌无为，怎么一鸣惊人？没有基础，那些远大的目标就像是海市蜃楼。归根结底，我们还是要从基础做起，踏踏实实做事，这样才能将远大的目标变成伟大的现实。

当然，比起毫无基础的人，有一些基础、但基础显然还没有夯实的人更容易好高骛远。人若毫无基础，就像站在山脚下，高峰邈远，他们只能仰望。而有了些基础的人已经爬到了半山腰，山的一半已踩在脚下，山峰也近了一半，这时候，若急功近利的心理一作祟，就难免好高骛远了。

小陈是国内某知名大学毕业的优秀研究生，成绩优异、品学兼优。小陈觉得自己就读的学校享誉全国，而且自己是研究生学历，在校期间又非常优秀，因此，自己当然有资格找到一个最好的工作，去最好的平台锻炼自己。抱着这样的想法，他就将自己的求职意向定位在世界500强企业的一些高级管理职位上。结果自然是残酷的，因小陈没有任何的工作经验，他在第一轮面试中就被淘汰了。屡次的失败给小陈带来了不小的打击。他一开始很不理解，自己毕业于名校，学历又高，成绩又好，为什么还得不到那些工作？不过，最终他还是想通了。

小陈明白了，虽然自己已经有了些基础，但不代表就可以任意妄为了。所以，他开始重新思考自己的职业意向，选择从基层做起，继续夯实基础，按部就班，努力进取。

几年后，小陈终于如愿以偿，成为了一家世界500强企业的高层管理人员。

高级管理层的工作人员都是有着数年或数十年工作经验的职场老人，小陈在没有任何基础的情况下，不可能一蹴而就。他若想继续前进，实现自己的目标，就必须在学生时代奠定的基础之上，再接再厉，继续脚踏实地做事，从基层做起，努力进取。

记住，无论你站得有多高，离顶峰都还有距离。人没有翅膀，不能一激动就想着一飞冲天，所以，不要好高骛远，被一时的激情冲昏了头。无论如何，事业都是一步一步做起来的。

欲成大事，必须坚决果断

办事果断、雷厉风行的人，大都给人以干练精明的印象，而办事拖拉，决策时举棋不定、瞻前顾后、犹豫不决的人则给人以优柔寡断之感。行事优柔寡断当然不是什么好习惯，有时候你收集的信息越多，反而会让思维越混乱，做出正确选择的概率就越低。有的人行事过于谨慎，办事总是畏首畏尾，不敢轻易做出抉择，迟迟没有决断或者屡次更改决定，反而做出了最差的选择。

在校读书时，我们大都有这样的体验，每次更改选择的答案时，得出的往往都是错误的结论，冥冥之中我们的第一感觉往往是最可靠的。一旦我们犹豫了，对之前做出的选择产生了疑虑，就会走向错误的方向。优柔寡断不但会把我们引向错误的方向，还会耗用我们的心智，浪费我们的精力，致使我们在身心俱疲的情况下走向败局。

有一只流浪狗经常到附近的寺院里寻找食物，在河的东岸和西岸分别有一座寺院，东岸的钟声响了，狗就游到东寺讨食物，吃完东寺的食物之后，西岸的钟声飘了过来，狗又游到西寺吃东西。有一天，东寺和西寺同时响起了钟声，狗立即跳进河里往岸边游，游到河心的时候，它觉得东寺的饭菜比西寺可口，于是向东游去，眼看快要上岸了，它又开始犹豫起来，觉得西寺的点心味道远好过东寺，于是又掉头往西岸游去，游了没多久，它又垂涎东寺的包子，为了一饱口福，它又转换方向游向东岸……这条狗一会儿向东游，一会儿向西游，游来游去始终没有上岸，力竭之后沉入了河底。

古时就有朝秦暮楚之说，六国的灭亡虽然跟秦国强大的国力有关，但主因却是六国君主优柔寡断，举棋不定，搞得各国互相猜忌，使得强秦有了可乘之机，将六国一一歼灭。

在竞争无比激烈的现代社会，在关键时刻没有当机立断的本领显然是不行的。优柔寡断必然使你错失良机，而你一旦失去宝贵的机遇，就会遗憾地与成功失之交臂。俗话说，机不可失，时不再来，错失改变命运的契机，你就会为此抱憾终生。

一个叫贝尔的年轻人带着自己的新发明拜访马克·吐温，希望筹集到批量投产的款项。大文豪马克·吐温年轻时经常投资各种新产品和新发明，可惜那些投资几乎都折了本，使他损失了不少钱财，他发誓再也不会把钱投到不成熟的新奇事物上了。

当贝尔满怀热情地推销自己的新式发明时，马克·吐温已经不愿再冒风险了。贝尔说他只需要投资500美元，就可以获得一大笔股份。这个条件很诱人，马克·吐温心理有了变化，但是想起自己发下的誓言，他抱歉地对年轻人摇了摇头。贝尔感到无比失望，正打算离开时，马克·吐温对新发明产生了一丝兴趣，于是马上叫住了他。贝尔喜出望外，以为马克·吐温已经改变了主意，可是马克·吐温还在犹豫，他又后悔叫住了客人，为了掩饰自己的优柔寡断，他立即改口说："抱歉，我想问一下你刚才说你叫什么名字来着？""亚历山大·格雷厄姆·贝尔。"年轻人回答道。"好吧，贝尔，再见，祝你好运！"马克·吐温送走了年轻人，拒绝了这项可能给自己带来巨大收益的投资。

年轻的贝尔当年向马克·吐温推销的新发明就是电话。

如果马克·吐温当初不是反反复复地犹豫，坚定地在这个新产品上投入500美元，就能获得百万的收益。可惜他被自己的优柔寡断绊住了脚步，错过了收获巨额收益的最佳时机。不可否认的是，有些抉择会对我们一生的成败产生巨大影响，选择的过程并不轻松，在反复权衡利弊之后，我们仍不能马上拿定主意，可是机会往往稍纵即逝，不会给我们留下反复比较和过度思考的时间。眼睁睁地看着机会溜走，会让我们后悔不迭，因此，我们必须学会当机立断，那么我们应怎样改掉优柔寡断的行事习惯呢？

1. 摆脱依赖心理，培养自强自立的个性

办事优柔寡断的人大都缺乏独立性，总喜欢让别人替自己拿主意，等到需要自己做出重大决策时，往往会迟疑不决，不知如何是好。所以要改掉优柔寡断的毛病，就必须让自己变成一个自强自立的人。只有这样，你才能拥有自主意识，进而培养出独立决策的能力。

2. 不要太过求全责备，取舍时只期获得相对满意的结果

抉择意味着舍弃，鱼与熊掌不可兼得，不要贪求什么都得到，失去一部分利益，收获相对满意的结果，其实就是较为理想的选择。绝对完美的结局是不存在的，输赢都有一定的概率，所以不要对一切太过苛求。大胆果断地做出自己认为最为正确的抉择，做了就不要后悔，把错误的取舍当成提升自己决策能力的学费，下次你会做得更好。

3. 利用已有的知识和经验，运用直觉和理性思维，迅速做出决策

人的决策能力和其具有的知识经验有很大关联。经验丰富、知识储备量充足的人往往成熟练达，能够在关键时刻迅速做出最明智的决策，而经验少、知识储备有限的人往往做事拖泥带水、优柔寡断，所以要克服办事优柔寡断的坏习惯，必须增加自己的知识储备量，并注意经验的积累。知识和经验会提高你的自信，使你具备敏锐的直觉和缜密的理性思维，这样你的决策水平就会得到根本性的提升。

你拖延的是美好人生的到来

我们千万不可小觑拖延这一恶习，它会导致许多错误，会慢慢地消除人们的创造力，从而阻碍了人们前进的步伐。其实，拖延有时候是因为我们对任何事都不重视而引起的，这恰恰是我们做事的大忌。热情饱满地去做一件事，与在热情消失以后再去做这件事，其中的难易苦乐自是不言而喻。热情饱满的时候去做一件事情往往是一种乐趣，做起来自然比较容易。但在热情消失后再去做这件事，就会变成一种痛苦，此时拖延就会产生，相对的，这件事也不易办成。更糟糕的是，拖延有时还会造成悲惨的结局，恺撒大将的失败就是一个典型的例子。

在华盛顿率领军队渡过特拉华河时，曲仑登的司令雷尔赶紧派人给恺撒大将送信汇报情况。可是，当恺撒大将接到信时，他正在和朋友们打牌，于是他随手就把那封信装进了自己的衣袋里，打算等打完牌再去阅读。可是等他尽兴后去阅读那封信时才知大事不妙，再等他去召集军队已经为时晚矣。最后恺撒大将的军队全军覆没，恺撒大将自己也丧命于敌人之手。只是因为数分钟的拖延，恺撒竟然失去了他的荣誉、自由，乃至生命！

命运就是这么奇妙，每个人的生命里都会遇到很多好机会，但它们往往稍纵即逝，犹如昙花一现。如果当时不加以利用，错过之后就会后悔莫及。

做事拖拉的人喜欢磨磨蹭蹭、慢慢腾腾，本来几分钟就做完的事情，非得拖上半个钟头。本应把手头上的事情做完了再玩，非得玩过瘾了再来忙手头上的事，本末倒置，使得很多计划夭折。由此看来，“拖延”这一恶习会让天才变成庸人，让理想破灭。

法国著名管理学专家希勒花了长达20年的时间来研究成功者和失败者的工作心态。他对数百名已经功成名就的人和一直无法成功的人进行对比，结果很明显，成功者都有迅速做出决定并立即实施的习惯。相反地，失败者都有一个共同特征：即使做出了决定，也依然会慢吞吞地去实施。

大概2011年下半年的时候，互联网生意风生水起，小赵十分看好该行业的前景，联系了另外4位志趣相投的朋友准备在一起做一番事业，于是他们选定了2011年比较火爆的互联网创业项目之一：做比价购物网站。

小赵和其他4人之间不是同学就是老乡，都是刚毕业没多久。其中2个在北京，2个在杭州某知名互联网公司，还有一个在外省读大学，据说是个编程高手。

这5个人都有各自的工作和学习任务，尽管是利用业余时间来做“比价网”，但分工也很明确。有调研市场的，有写方案的，有做技术还有美工的，一个小团队就算形成了。

小赵经常和朋友谈到将来他们的网站做成后会怎样怎样，对前景充满了信心。眼看到了2012年了，项目的技术方案与市场调研已经花了近半年的时间还是没有最终定下来。另外4个人，那个还在读大学的根本没怎么参与到其中，其余的人也都忙着自己的工作。这样的状态一直持续到春节前，连网站的影子都没看到。

春节过后，朋友们再也没有听到小赵谈起做网站的事情了。

人类从来不缺乏梦想，但如果只把梦想当作神话，那它永远只能停留在想象里。只有认真制订目标，并付诸实践，梦想才能变成现实。确实，每个人的一生中都会有种种的憧憬、种种的理想和计划，假使我们能够将一切的计划都执行下去，那我们的人生将变得非同凡响，并时刻与成功同行。我们之所以不能成功，就是因为我们不能立即执行心中的憧憬、理想和计划，最终看着它们在拖延中逐渐地幻灭和消逝，留给自己无限的遗憾。

“命运无常，良缘难再”“有花堪折直须折，莫待无花空折枝”……无不是在鼓励人们果断行事，迅速行动，不拖延，不犹豫。经常听到有人说：“如果当初按照我的想法去做了，现在这件事肯定已经成功了，真是可惜啊。”而早知今日，当初又何必拖延呢？皮尔·卡丹说：“我从不喜欢浪费时间。”他认为自己个性中的“当机立断，迅速决定”是他能取得成功的重要因素。的确，每一个接触过皮尔·卡丹的人都不难发现，他做事总是雷厉风行，从不温温吞吞、优柔寡断，但又绝非草率行事。

绝不拖延是一切成大业者必须拥有的习惯。一个人拥有绝不拖延的良好习惯，遇事就能够果断做出决定，并迅速行动，这样无论遇到什么事情，都能在第一时间将它们处理好。如果你还不具备这样的习惯，又希望自己像那些成功者一样优秀，那么就要着重培养自己遇事积极行动不拖延的好习惯。

压力面前不逃避。工作、生活中有压力是很多人养成拖延习惯的主要原因，用拖延逃避压力是最轻松的，但也是对自己、对他人最不负责任的。面对压力时，你可以将压力分解，从最薄弱的环节开始，逐个解决掉。也可以通过放松身体的方式保证自己有足够的精力应对压力，还可以寻求别人帮助。

做一个日程安排表。没有一个详细的计划表也是很多人拖延的主要原因，一个详细的日程安排表可以帮助你有效地规划每一天的生活。

每天为自己定一个可以达到的目标。你可能整天都在忙碌，一天下来却发现一点儿成果也没有，归根结底就在于你没有一个明确的目标，使得看起来很忙碌的你，实际上却是在拖延时间。有一个明确的目标，你就可以随时检验自己的工作是否有成效。

把大任务分解成一个个容易完成的小任务，有效降低难度。有时候你会发现这样一个心理：不想马上去实施的原因就是因为这个任务太大，不容易完成。所以，你可以尝试把大的任务分解成几个容易完成的小任务，这样实现起来就会变得很轻松、很容易。

合理安排作息。要想克服拖延，其中重要的一点就是你必须学会休息。如果把自己逼得太紧，就会很容易产生厌烦的情绪，以至于最后变得筋疲力尽。所以，每当你完成一个小任务，就适当地放松一下自己。

当你下定决心去做某件事情时，一定要立即、坚决地迈出第一步，然后进行第二步……不停地走下去，持续不断地积累，才能离成功越来越近。

用目标为你的行动导航

一个人假如一心想做某事，便会全力以赴，便会杜绝借口。因为当一个人在为目标奋斗时，会一直朝着通往“成功”的方向前进，就不会接受任何借口，借口的负面作用就会减弱甚至消失。

很久以前，皮色纳四周都是茫茫沙漠，如果凭着感觉往外走，皮色纳最有经验的沙漠旅行者，也只会在沙漠里转圈。他永远不会走出这个地方，因为这个地方只能进不能出，所以皮色纳的人几乎没有走出去过，这里也成了一个与世隔绝的世界。

人们曾试图结伴走出皮色纳，但是每次都是走出去没多久，分歧就会出现，他们会因为向哪个方向进发而进行争论。有的说应该沿着西边，有的说应该朝着雄鹰飞翔的方向走，还有的说应该相信自己的感觉……再加上沙漠里的高温，导致很多人想打退堂鼓，于是，这些人就开始互相指责对方，这也成了他们无功而返的借口。“要不是他方向判断错误，我们早就走出去了。”人们这样相互指责着。

后来，有一个人建议道：“我们只要朝着北极星的方向前进，就会成功地走出大漠，走出皮色纳。”

人们听从了他的话，于是一群人沿着北极星的方向前进。途中，有人开始质疑，并说出了自己对方向的判断，但这个人始终坚定地要求他们沿着北极星的方向前进。

就这样，人们不再争论，虽然行路很艰苦，但他们也不再找任何借口，只是沿着北极星的方向前进。最后，他们找到了通往外面的路，成功地走出了皮色纳。

之前走不出皮色纳，是因为方向太多，目标太多就等于没有目标了，所以走不出去。有人建议沿着北极星的方向走就可以了，就等于是有目标了，人们的执行力都放在一个目标上，借口就少了。

目标往往是借口的终结者，坚定了一个目标，很多推辞的理由都会不成立，借口也就随之减少很多。

布鲁克是TC集团的总裁，他有一个众所皆知的习惯：在办公室准备很多卡片，把近期要实现的目标明确地写在卡片上，并放在自己的口袋里，按照卡片的记录去完成规定的事。

在卡片上记录目标，并按照卡片上的内容做事，这个好习惯从布鲁克年轻时就养成了。

很多人向布鲁克请教成功的秘诀，但是大家都对他的这个秘诀不以为然。

布鲁克有一位从事保险职业的朋友，因为喜欢找借口，导致失去了很多客户。但这个朋友和其他人不一样，他十分相信布鲁克，因此他决定按照布鲁克的方式试试。在每个月月初，把自己的销售目标写在卡片上，并放在口袋里，不给自己找任何借口。

“最后的结果怎么样呢？你成功地实现了自己的目标吗？”一段时间之后，有人问他。

提起这个话题，他立马来了兴趣，兴奋地说道：“之前，我准备寻找新客户的时候，如果遇到不好的天气，我就会在心里劝说自己：‘天气这么差，还是不去了吧，这工作不是那么好做的，很可能会无功而返。’于是，我就说服了自己，待在公司上上网或是和朋友聊聊天。但是现在遇到同样的情况，我就会看看手里的卡片，然后不会再找任何借口，而是义无反顾地采取行动。因为没了借口，我的营业额比原先增加了一倍。真是太不可思议了！”

布鲁克的销售员朋友借用了他的方法使得销售业绩得到了大幅度的增长，方法很简单，就是事先设定目标，然后不找任何借口地去完成它。

看一下世界上的一些成功者，他们都有一个共同的特征：事先确定好目标，并按照目标的设定坚决执行下去，此时任何借口都会给目标让路，直到实现目标。

设定目标是为了时时刻刻都促进你的进步，它的作用体现在以下几个方面：

1. 目标能够让我们用极大的积极性做事；

2. 目标能够让我们明确自己的工作使命；

3. 目标能够让我们懂得事情的先后顺序和轻重缓急；

4. 完成目标的渴望能充分激发我们的潜能；

5. 目标能够让我们紧紧把握现在；

6. 目标能够让我们有效规划生活和工作；

7. 目标能够让我们尽快完成工作。

做事要有明确的目标，才会有奋斗的方向。想要获得成功，实现理想，先学会为自己设定目标吧，这样一来，你就不会再找借口阻碍自己在成功的道路上前行。

想成为怎样的人，就要先融入相应的圈子

“成就什么事业，就要先进入什么圈子”这是成功人士的成功法则之一。

2016年竞选美国总统成功的亿万富翁特朗普之所以能够成功地打造自己的商业王国，也是从加入丹佛市的“快乐俱乐部”开始的。

1970年，年仅25岁的特朗普来到丹佛市，在第二大道租下了一套小公寓，开始了他的创业生涯。特朗普初来乍到，人生地不熟，因此他必须计划好为自己的房地产事业铺平道路的每一个步骤。他要做的第一件事就是尽快加入丹佛市的“快乐俱乐部”，去结识那些出入这个俱乐部的社会名流和百万富翁。但对特朗普这样一个无名小卒来说，要想进这样高档的俱乐部实在很不容易，他第一次打电话给“快乐俱乐部”，刚说完自己的姓名，电话就伴随着一声斥责被对方挂断了。但是特朗普仍不死心，又打了几次，结果还是遭到对方的嘲弄和拒绝。

遇到这种情况，特朗普心想“如果这样下去，肯定不会有结

果的”。突然，他想到另一种方法。于是又拨通了电话，与前几次不同的是，这次他要找董事长。接电话的人以为凡是找董事长的人肯定是不俗之辈，所以就把董事长的姓名和电话号码告诉了他。此时的特朗普非常有成就感，于是立即打电话给“快乐俱乐部”的董事长。在电话中，董事长了解到他仅仅是想加入俱乐部，没同意也没拒绝，只是让特朗普来陪他喝酒聊天。听到董事长这样说，特朗普非常高兴。在喝酒聊天的过程中，特朗普与董事长相谈甚欢并建立了良好的关系。过了一段时间之后，特朗普正式成为“快乐俱乐部”的一员，为自己的事业发展奠定了基础。

在20世纪70年代，丹佛市的房地产业非常不景气，房地产开发商们非常沮丧，而丹佛人也在担心这座城市的命运。然而，这种困境在特朗普看来无疑是天赐良机。之前那些好地皮对他来说是可望而不可及的，但在经济低靡的情况下，他可以以非常低廉的价格任意挑选收购。就在这时，特朗普的一个朋友告诉他：丹佛市中央铁路公司委托维克多·米尔莉出售西岸河滨40号、50号废弃的铁路站场。

特朗普凭着自己敏锐的眼光和以往的经验判断出：房地产不景气是暂时性的，赚大钱的好机会终于来了。为此，他把自己所拥有的几个小公司合并起来，成立了特朗普集团，使自己更具实力。

特朗普觉得这件事情要尽快定下，并且越早越好。于是第二天一大早，他就给米尔莉打电话，表示愿意买下这些铁路站场，并去她办公室商谈。当时风度翩翩、气宇非凡的特朗普给米尔莉留下了深刻的印象，两者达成协议：西岸河滨的那两块地皮由“特朗普集团”购买，价格是200万美元。不久之后，丹佛市的房地产开始升温，曾经被特朗普购买的这两块地皮涨到了700万美元，特朗普因此大赚了一笔。

所以，如果我们想成为哪一类人，就要先融入那个圈子，多观察，多学习，让自己一步步靠近自己的目标。这样就能渐渐地向成功靠拢，直到最后拥抱成功。

晴天留人情，雨天好借伞

俗话说：“晴天留人情，雨天好借伞。”从某种意义上讲，因果循环是有道理的，我们的每一次善行，最终都会开花结果。

在日本，名古屋是三大都市圈之一（另外两大都市圈分别为东京与京阪神。在名古屋有一家名叫“加它”的公司，这是一家以“用新鲜奶酪制作咖啡”而闻名的公司。“加它”的社长是一位名叫日比孝吉的先生，据说他乐善好施，不管别人看中他的什么物品，他要么免费赠予对方，要么以低廉的价格卖给对方。

有一天，一个技术开发人员向日比孝吉推销一款他亲自种植的无味大蒜。日比孝吉亲自品尝后，觉得很不错，于是就买断了这一种植技术，之后又邀请来自法国巴斯德研究所的几名研究人员研究无味大蒜的功效。研究发现，这种无味大蒜中含有一种名叫“阿霍安”的物质，据说这种物质不仅能够净化人的血液，具有预防癌症的功效，还有利于促进白内障患者、高血压患者以及哮喘患者的治疗。

有一天，日比孝吉的一位朋友向他购买一些咖啡，日比孝吉在给朋友拿来咖啡的同时，还赠送给朋友一些无味大蒜。从这一天起，这种无味大蒜陆陆续续地被免费赠送给了将近2万人。

后来，陆陆续续有感谢信寄给日比孝吉，上面有人称赞无味大蒜的疗效很好，也有说不愿意白白接受这份恩惠，要给些报酬之类的。对于这些人的来信，日比孝吉还劝说他们如果实在过意不去，可以在往后的日子里多使用“加它”公司的产品，或者帮忙宣传“加它”的一些产品就好。

当然，将那些无味大蒜派送给如此多的人会需要一大笔经费，保守估计需要花费20亿日币。可是，自从日比孝吉向民众免费派送这些无味大蒜后，自己公司的业绩也随之突飞猛进，年营业额竟然超过700亿日元。

简单地说，善待他人的人可以分为两种：一种是像日比先生这样的商人，他从商业利益的角度考虑问题，希望得到他馈赠的人们帮助他宣传产品，从而增加产品的知名度，提高营业额；另一种是不求回报的人，他们只是发自内心地希望可以帮助别人，并不期望有一天会得到回报。但是，无论是哪一种人，都总有一天会得到他人的帮助。在这个世界上，仿佛真的存在一个“帮助”的链条，它的首尾两端扣在一起，如果你帮助了A先生，A先生帮助了B小姐……他人帮助的对象沿着链条绕一圈，最终还会回到原点，也就是你的身上。

其实，从某种意义上讲，因果定律是真的存在的。这样说并不是宣传封建迷信，而是告诉人们要真诚地帮助他人，保持善良的本性。

“善有善报，恶有恶报”是事实，但这些“报”不是上天或者超自然力干预的结果，而是人际关系在起作用。

其实，如果你能在生活中热心地帮助他人，那么在获得别人感激的同时，也会在自己需要帮助的时候，得到那些人的无私帮助。你帮助的人越多，那么你得到的帮助也就越多。与之相反，如果你总是对那些需要帮助的人落井下石，那么当你遇上困难的时候，别人也会幸灾乐祸。

吴春和胡榆两人是同乡，大学毕业后又先后进入了同一家公司工作。由于同在一个办公室工作，他们的关系就更加密切了。

胡榆是个非常敬业的人，几乎每天都会加班，尽管有时候工作并不是很忙，但他依然毫无例外地每个星期天都会去办公室看看，以致大家都认为他是个地地道道的工作狂。生活中，他又是一个非常爽快、好结交朋友的人，平时经常把吴春这帮单身者招呼到他家吃饭，大家常来常往，所以都非常了解胡榆的为人。后来，单位调来了一位领导，非常巧合的是，这位领导居然是吴春老爸的同学，这实在很凑巧。一次吴春去看望这位长辈，谈话间提到了胡榆，吴春只是按照自己的观点表达了对胡榆的看法，完全是拉家常，没有任何目的或是意图。令大家都没想到的是，这次谈话促成了一次机缘，那就是胡榆被安排担任了一个项目的负责人。他本来就是一个天分极高的人，又非常勤奋上进，所以在很短的时间里就得到了公司上下的一致赞赏和钦佩。现在胡榆已经晋升为项目开发部经理了。胡榆总认为是吴春帮了他的忙，其实，是胡榆发自内心的真诚待人和永不懈怠的努力为他赢得了机会，从此吴春和胡榆两人的感情更深、交往更密切了。

善待他人是每个人都应该做的事，这种“善待”有时并不是只靠心地善良就可以表现出来的，还有一些具体的问题需要注意：

1. 既要对他人好，又要尊重对方的人格和意愿

这就要求我们在与人交往的时候要把握一个合适的度，不可热情过度，让他人感觉不自在，也不能让别人必须接受自己的某些观念，更不能让对方感受到自己有盛气凌人的态度。所以，在对他人好的同时，还要尊重对方的人格与意愿。

2. 善待所有人，而不仅仅是那些你认为对你有帮助的人

在日常生活中，我们要做到对他人心存善意，一定不要以为自己赢得利益为出发点，因为这样很容易导致自己趋炎附势，久而久之就会使自己变得面目可憎。永远都要保留心底的那份善良，真诚地与人为善。

3. 帮人要帮到点子上，让对方感受到你的诚意

关于这一点，可以举例说明。例如当对方需要实实在在的建议的时候，你只是说一些安慰的话对其不能起到丝毫作用。所以帮人要帮到点子上，这才是实实在在的助人。

第七章

你的潜能会让你创造奇迹

每个人都有着自己都无法估量的潜能

人生就像一个舞台，自己便是这场演出的主角。能否演绎出精彩的剧目，主要取决于你能否发现并释放出自身的潜能。潜能就像阳光一样，能够帮助我们打造出一个充满活力的人生。无论是谁，只有充分释放自身的潜能，找到自己的天赋所在，才能实现生命的意义，获得梦寐以求的成功。

潜能就像座宝藏，包含着真正的智慧。只要你能够将这种智慧挖掘出来，加之充分行动起来，理想很容易就会变为现实。因此，要想获得成功、拥抱胜利，就应该尽可能地去挖掘自身的宝藏，然后有效地利用它们，从而使自己的人生多姿多彩。

从前，有一个农夫，他有一块非常肥沃的土地。多年来，他靠着自己的辛勤耕作，日子过得十分舒服。有一次，他无意中得到一条信息——如果能找到一块埋有宝藏的土地，只要抓一把就可以变得非常富有。农夫顿时心动了，心想：我要是拥有一块这样的土地，就什么都不用干了。于是，他卖掉了自己的土地，离开家园，开始了所谓的“寻宝之旅”。

但是事与愿违，农夫一直到遥远的异国他乡也没有找到任何宝藏。就这样，15年过去了，农夫变得一贫如洗，最终他在绝望中死去。而当年那个买下农夫土地的人，通过15年的辛勤劳作，积累了很多财富，这片土地也变得相当肥沃。

农夫为了寻找宝藏而舍弃肥沃的土地，最后客死他乡，而这块土地的新主人却充分发掘土地所蕴涵的价值，收获了累累果实，积累了很多财富。

这个故事告诉我们这样一个道理：与其千辛万苦地寻找所谓的宝藏，不如好好挖掘自身的宝藏，也许这样会更快地实现我们的目标。

英国散文家托马斯·卡莱尔曾经说过："发现自己天赋所在的人是幸运的，他不再需要其他的福佑。他有了自己命定的职业，也就有了一生的归宿。他找到了自己的目标，并将执着地追寻这一目标，奋力向前。"在这个世界上，每个人都有自己独特之处，每个人都拥有独特的天赋。这种天赋就像一座等待我们去开采的宝藏，它悄悄地藏在我们生命的某个地方。一个人是否能够挖掘出这座宝藏，取决于他能否踏踏实实地学习、兢兢业业地工作，并充分发挥自己的长处。

小马是一个只有中学学历的年轻人，毕业后在一家小公司里从事保洁工作。他每天除了上班，生活中几乎没有别的内容，他只与有限的几个朋友来往，认定了自己的生活也只能如此了。就这样，小马浑浑噩噩地活着。直到有一天，他家隔壁搬来了一位老人。这位老人自称能够预知未来，并且也知道别人的前世。每天上下班时，小马经常会碰见老人并和他闲聊几句，并且聊得很开心。

有一天，老人坐到小马身边对他说，他感觉到了小马的前世是拿破仑，是历史上最伟大的政治家和军事家。拿破仑虽然出身卑微，却通过勤奋和努力从科西嘉岛的平民成为法国陆军的军官，最终成为法兰西帝国的皇帝。老人断定，小马以后也会像拿破仑那样能干，会取得很多意想不到的成功。

小马认为老人在拿他寻开心，但是，他的心里却升起来了一种从未有过的自豪感。从此，小马对拿破仑产生了浓厚的兴趣，他开始想方设法地寻找与拿破仑有关的一切书籍来阅读，他开始了解拿破仑的生活以及他的领导才能。他慢慢发现，自己身上好像也蕴藏着同样的潜能。

这个发现给了他很大的自信，他再也不像以前那样“混日子”了。对于工作，他充满了激情，并给周围的人留下了非常好的印象。

后来，他主动请求调换自己的工作，希望去做一些他原来想都没有想过的工作。公司领导感觉到他不再是以前那个只知道混日子的员工了，于是便交给他一些具有挑战性的工作。每次他都能够全身心地投入到工作中去，然后出色地完成任务。为了更好地完成自己的工作，小马经常利用业余时间学习一些与工作相关的业务知识。随着时间的推移，他的专业知识越来越多，工作经验也越来越丰富。由于他的能力不断提升，公司多次给他升职加薪。

经过几年的发展，现在的小马已经彻底变成了一个果敢、自信的管理者，并成为行业中的佼佼者。

小马现在已经不再关心自己是不是拿破仑转世，而只在乎怎样才能更好地挖掘自身的潜能。因为他明白，只有把自身各种积极的力量都调动起来，他才能获得更大的成功。

其实，每个人都有着与众不同的地方，每个人的身上都蕴藏着一份不为人知的特殊才能，等待着被唤醒。只有将这位沉睡的巨人唤醒，我们才能得到无穷的力量，克服所遇到的任何困难，从而创造人生的种种奇迹。

事实上，充分挖掘自身的宝藏，释放自身的潜能也是实现生命价值的良方。因为只有这样，我们才能将人生这出剧演绎得更加精彩。因此，每一个想要创造辉煌人生的人，都应该相信自己的能力，积极地开发自身的潜能，唯有如此，才能走出一条真正属于自己的成功之路。

优秀和平庸的差距到底有多大

优秀的人为什么优秀？平庸的人又为何平庸？他们之间的差距到底有多大呢？其实，优秀的人和平庸的人之间并没有多大的差距，一个重要的区别就是他们能否唤醒自己生命的潜能。优秀的人之所以取得成功，只是因为他们发现了自己的“潜能库”，并将其打开。

丽萍是一名优秀的化妆品销售人员。然而，这样一个优秀的销售人员，竟然是在自己44岁时才开始对自己充满信心的，也正是从那个时候开始，她才真正地找到自我，真切地感受到了自己的价值。

丽萍23岁结婚，婚后一直在家里做了21年的家庭主妇。当她的孩子出去上大学时，她已经44岁了。由于她丈夫因工作经常出差，她很快就觉得生活有些无聊，有时甚至觉得很沮丧。于是，丽萍决定找份工作。然而她除了会做家务，没有其他的工作技能，所以，在她开始找工作的第一个月里，均以失败告终。然而，有一天中午，在经过一次不太成功的面试后，她到一家餐厅用餐。穿过大厅门廊时，她注意到一张牌子上写着：“如何从化妆品中致富免费研讨会，下午3点在紫阳大厅举行。”这时已经接近3点了，于是丽萍想去看看，反正也没有什么损失。在接下来一个小时的研讨会上，丽萍发现了自己的潜能所在。因为自己在家经常使用各种化妆品，对化妆品非常熟悉。所以，她对自己很有信心，深信自己可以将这些化妆品销售给她的客户。果然，丽萍凭着对化妆品的了解和对工作的热情，顺利地被一家化妆品公司录用了，并且在公司里工作得十分出色。

当别人问及她为什么出来工作，为什么选择这个行业时，她是这样回答的：“我喜欢这个行业。做了21年的家庭主妇后，我开始想，难道我所能做的只有这些事吗？于是我想试着去做做别的工作。现在我已经证明了自己可以把选择的工作做好，我的自信心也因此得到了提升，我非常喜欢现在的自己。”

优秀的人之所以优秀，能够在自己的人生和事业上取得非凡的成就，是因为他们发现了自己的潜能所在，从而给了自己一个准确的定位。然后付诸行动，不断地改进和完善自己，使自己更加积极向上、充满活力，从而获得了最后的成功。

成功的关键在于释放内在的潜能

为什么成功的总是别人？看着身边那些风度翩翩、事业有成的人，华松心里酸溜溜地问道。华松，名牌大学毕业，在一家很不错的外贸公司工作，工作踏实努力，但是无论他多么努力，老板始终没有重用他。这么多年过去了，他依然只是这个公司的小职员，甚至当初能力不及他的一个同事都已经被提拔到管理层了。这一切都让华松的心理严重失衡。他不是没有能力，别人能做到的事情他相信自己也能做到，也不是不懂得为人处世，在待人接物上更不会偷奸耍滑，并且一向勤奋好学，可是为什么他就成功不了呢？

难道成功真的这么难吗？并不是，而是你没有挖掘出自己的潜力来推动自己成功。

很多大家口中的“天才”并非是天生的，而是后天充分发挥了潜能。

德国就有这样一位后天神童——14岁的哲学博士卡尔·威特。

事实上，威特小时候非但不聪明，甚至还有很多人认为他是一个白痴，然而他的父亲老威特却不这样认为。他说：“我认为最重要的是教育，而不是什么天赋。孩子是白痴还是天才，关键在于能否通过后天教育开发出他的潜能。一旦开发出孩子的潜能，他一定会成为一个非凡的人。”就这样，老威特买来一些小人书和画册，把十分有趣的故事耐心地讲给小威特听，从而唤起他对知识的渴求。每当小威特听得津津有味时，老威特便停住，对孩子说：“我太忙了，需要去工作挣钱养家呀，没有很多时间去给你讲故事了。”

这样，就激发了小威特一定要识字的愿望，他知道，如果自己能认识许许多多的字，就会知道许许多多的故事。所以，他学习得非常刻苦。

小威特到了8岁的时候，已经能够熟练运用德语、法语、拉丁语等6种语言，而且还通晓物理、化学，尤其擅长数学。9岁时，他就考入了莱比锡大学。

14岁时，小威特被授予哲学博士学位。2年之后，又获得法学博士学位，并被任命为柏林大学的法学教授。23岁，他发表了《但丁的误解》一书，成为研究但丁的权威人士，还创作了不少优秀的诗歌和其他文学作品，成了一位名副其实的天才。

人生而平等，为什么创造力会有大小之分，人生会有成功与失败之分呢？一方面是客观环境的原因，另一方面是人本身的原因。然而不论内因外因，关键就在于潜能是否能够充分发挥。

那么，我们不禁要问，怎样才能让自己的潜能发挥从而获得更大的成功呢？

1．会失败只是因为你告诉自己失败了

失败是你自己告诉自己失败了。一定要明白的是，没有任何一个人能决定你是失败或成功，贴标签的只能是自己。

2．足够专注才能成功

在最困难的时候，专注于解决困难的你可以最大限度地激发出潜能。一定要相信自己，相信不管发生任何事情，你都可以找到解决的方法。

3．懂得如何处理危机

人生并不总是一帆风顺的。当你朝着目标前进的时候，遇到困难是在所难免的，这时处理问题的能力就变得十分重要，这也就是我们通常所说的危机处理的能力。在面对我们所遇到的这些困难时，注意力80%在方法上，20%在问题上。也就是用较少的时间分析出问题的症结所在，然后全心寻找最优解决方法，这样就能很快地将问题解决掉，并且能解决得很好。

翻过你心中的那座“山”

潜能是一座巨大的宝藏，勇敢就是打开这座宝藏的钥匙。敢想不是空想，更不是胡思乱想。敢想是一种勇气，能够更好地激发人的潜能。

柯特大酒店位于美国加州的圣地亚哥市，是一家历史悠久、生意兴隆的老牌酒店。随着社会的发展、游人的增多，该酒店原先的电梯就显得过于狭小。酒店老板决定更换旧电梯，他重金聘请了全国一流的建筑师和工程师，商讨设计改建方案。

专家们经过详细的计算和激烈的讨论，得出的结论是：为了更换一部新电梯，酒店必须停业一个月。然而当时正是旅游旺季，酒店老板无论如何都不能接受这个决定。于是他一再要求专家们再想想，是不是还有其他的办法。

可是专家们强调，这是唯一的办法了。

此时，一名清洁工在拖地时听到了他们的对话。他下意识地插嘴道：“如果是我，我会选择直接在屋子外边装上电梯。”

专家们顿时为这个新奇的想法诧异得说不出话。这个方法可行，而且不影响饭店正常营业。最后这家酒店采纳了这个以前没人想到过的新方法，不但没有停业，而且吸引了更多的顾客。这部装在屋子外面的电梯成了建筑史上第一部观光电梯。

这个清洁工敢想，因为他的思维没有定势，当专家们都在电梯太小——拆电梯——修新电梯的单向思维中转圈时，他跳出了这个窠臼，所以，他让思维爆发出惊人的火花。

敢想，还要敢干。这个清洁工想到了，而且说出来了。试想，有多少好想法是被扼杀在人的大脑中的？如果当时这个清洁工犹豫一下：这些事是专家们的事，跟我无关，我多什么嘴？万一说错了，惹人耻笑还是小事，说不定老板觉得我不稳重，会炒我鱿鱼呢？可能他再也不会开口，而是继续认真打扫。那么，建筑史上第一部观光电梯的诞生，就不知要延后到何年何月了。

所以我们说，敢想敢做才能改变你的命运。对跋涉在成功道路上的人来说，一旦捕捉到机会，一定要善加运用，同时借助激情与坚定的意志，孜孜以求。只要拥有这样的信心和勇气，什么样的困难都不会让你止步。

你知道从非洲走到美国有多难吗？但一个16岁的男孩做到了。他叫黎格逊·凯伊拉，住在非洲国家马拉维北部的一个小村落里。有一天他看了《林肯传》之后深受感动，于是与妈妈商量：“我想走到美国去上大学，您会让我去吗？”

一般人都会觉得这个孩子疯了。不过他的妈妈并不知道美国在哪里，所以她几乎是不假思索地说：“你可以去，什么时候动身呢？”

黎格逊·凯伊拉知道从非洲走到美国，有无数的崇山峻岭，更要渡过江河湖海。然而也许是强烈的愿望赋予了他敢想也敢做的勇气，他很冷静地说：“我明天就出发。”

第二天，他带了些妈妈准备的玉米饼就出发了。

他从一个村子出发，到下一个村子休息，用沿路打工的方式解决吃住问题。当他穿过了乌干达，找到了喀土穆当地的美国领事馆时，他得到了热心的美国领事的帮助。

几个月之后，在斯卡吉特谷学院的大力帮助下，凯伊拉穿着平生第一套学生装和第一双鞋子，如愿以偿地走进了学院的大门。

凯伊拉说：“当上帝把一个看似不可能实现的梦想放在我们心中的时候，就已经是对我们莫大的关爱了。我们要牢牢记住，在任何艰难险阻面前，都没有气馁的理由。只要我们唤醒了自己心中的巨人，就会拥有激情、勇气和力量，就会义无反顾地向前、向前、再向前。”

只要你敢，在这个世界上，没有登不到顶峰的山，没有渡不过去的河，也没有走不完的路。很多人不敢“做”的真正原因在于害怕失败，在于恐惧。

克服这种恐惧最好的办法就是：立刻去做！当自己全身心地投入到一件事情中的时候，恐惧的感觉自会消失。

无数成功的例子表明，成功总是属于那些喜欢挑战并能在与困难作斗争的过程中勇于坚持的人。

所以，有意识地用勇敢、自信的念头，取代无助、退缩的想法，你会发现，内心深处的愿望，必将帮助你找出解决问题的办法。

所以，当我们有一个好的想法或者面临一项艰巨的任务时，不要犹豫，迅速行动，敢于面对可能会出现的失败。相信自己，行动本身也会为你增强信心，帮助你在面对狂风暴雨时保持镇定。这样，就算你一不小心陷入泥淖，也能迅即脱身，继续前行。

别让拖延成为影响潜能发挥的致命伤

拖延会成为影响潜能发挥的致命伤，这并不是危言耸听。

一天早上，汪生走在上班路上，在心里暗下决定：一到办公室即刻着手草拟下年度的部门预算。9点整，他准时走进办公室，但他没有马上着手预算的草拟工作，为了让自己在进行重要工作之前有一个干净、舒适的环境，他决定先将办公桌及办公室整理一下。他用了30分钟让办公环境变得无比干净整齐，虽然他没有按原计划在9点钟开始工作，但他并不后悔，因为半小时的清理工作已经获得了明显的效果，并且有利于以后工作效率的提高。为此他还有些得意，于是便顺手点燃一支烟，稍作休息。这时，他突然看到报纸上的彩图照片是自己喜欢的一位明星，便不由自主地拿起报纸来，等他把报纸放回时，时间又流走了10分钟，这时他觉得自己已经食言了，心里稍有些不自在。不过他转念一想，报纸也是一种精神食粮，也是重要的沟通媒介，身为企业的部门主管怎能不看报？再说了，上午不看报，下午或晚上也一样要看，这样一想，他心里的不自在也就消失了。终于他端直身子准备埋头工作，可就在这时，电话响了，是一位顾客的投诉电话，在经过一番解释与道歉之后，终于让对方平息了怒火，一看时间，20分钟又过去了。

这时，他起身去了一趟洗手间，在往办公室走时，一股咖啡的香味飘进了他的鼻腔，原来是另一个部门的同事正在工作间隙喝咖啡。他们喊他加入，他想：刚刚处理投诉电话费了不少劲，回去肯定进入不了工作状态，还不如休息一下，于是他便加入了闲聊行列。等他回到办公室后，他果然觉得神采奕奕，终于可以开始工作了。可是，一看表，天啊，已经10:45了，还有15分钟就要开部门例会了。于是他想，反正这么短的时间也草拟不完预算，干脆留到明天再做吧。

像上述故事中的汪生那样做事拖延的人，很少能取得较大的成就。调查表明，许多人都认为如果时间能重新来过，自己一定会成为一个成功的人。可是他们却成为了碌碌无为的人，只能在年老时，心中留下无尽的悔恨。实际上，他们并不是不优秀，也不是不具备成功的能力和环境，而是他们做什么事都习惯了拖延。人们往往会用各种各样的借口去掩饰自己的拖延行为，去为自己没能达成的目标和愿望做辩解，但往往只会使事情变得更加糟糕。

在日常生活中，我们常常会听到这样的话语："这个计划先放着，等我有时间了我一定完成它""等我以后老了，我一定会……"这些话听起来似乎无可挑剔，这些迟早会完成的事只是时间的问题，但是，仔细想来，这些话却是对自己的敷衍，是对自己的不负责任。

即使你想发现自己的潜能，却很有可能因为拖延而无法发挥出来。毕竟有些事情，如果你不在第一时间着手去做，那么很有可能以后就再没有机会了。

所以，你一定要明白，人生容不得半点拖延，决定了的事就一定要立即去做，唯有这样，才不会让自己后悔，人生才不会留下太多遗憾。

曾经在电脑行业声名鹊起的张博，就有一段因拖延而成为遗憾的经历。

当张博还是一个6岁的孩童时，有一天，他在院子里玩耍，忽然刮来一阵大风，把院中央那棵大树上的鸟窝刮到了地上，好奇的张博赶紧跑过去一看究竟。

这时，他发现从鸟巢里探出了一颗小小的脑袋，原来是一只刚出生不久，嗷嗷待哺的小鸟。

这个发现一下子激起了他的怜悯之心，他决定把这只可怜的小鸟带回家喂养。

但是，当他捧着小鸟来到家门口时，突然想起妈妈以前不允许他在家里养小动物的事情。为了不惹妈妈生气，他只好先把小鸟放在门口，自己先进去请求妈妈的批准。

在他的苦苦哀求下，妈妈拗不过他，只好答应了他的请求。喜出望外的他赶紧跑到门口去迎接他的小鸟。

可是，当他走到刚刚放小鸟的位置时，却发现小鸟不见了。很快，他就从地上的羽毛和血迹，还有一只大黑猫意犹未尽地舔着嘴巴这些迹象中，弄明白是怎么一回事了。

毫无疑问，那只可怜的小鸟已经进了黑猫的肚子了。

为此，他十分难过，整整一个下午都在想这件事情。他一遍一遍地埋怨自己，都怪自己太过优柔寡断，拖延了时间，让小鸟失去了生命。如果当初自己当机立断，直接把小鸟带回家，就不会有这样的惨剧发生了。

于是，从那以后，张博就牢记这一教训，时时告诫自己：“绝不拖延，决定了的事就要立即去做！”

张博由于用这样一种思想激励着自己，在后来的学习和生活中都表现得非常果断。他雷厉风行的作风，让他长大后取得了辉煌的成就，年纪轻轻的就成为了电脑行业的翘楚。

张博是一个能够及时反省的人，他在失去一只小鸟之后，很快总结出了自己的致命弱点，并引以为戒，从而走上了成功之路。

千万不要把“等一等”“看看吧”之类的话挂在嘴边，一旦决定了就要立刻行动，这样才能尽可能多地完成自己想要做的事，从而让生活更加美好。

把人打倒的不是重拳，而是暗拳

有一位拳击评论家说得好，“把人打倒的不是重拳，而是暗拳”。能够把人打倒并阻止潜能发挥的，并不一定是压力，而是自己的心态或心理承受能力，但也不否认，压力是人们面临的问题之一，我们每个人都存在着不同程度的压力。

说到压力，问题不是“你是否遇到过压力”，而是“你受到什么压力的影响”及“这些压力是怎样影响你的”。有些压力随着你养成正确的思维方式和适时调整自己的心态，就能够逐渐排解，而有些压力则无法避免，所以，我们有必要学会对付它。

有人说，需要是发明之母。同理，压力可以称为“潜能之母”。压力可以促使人寻求更好的生活方式，压力会激发人的潜能，从而创造出惊人的业绩。比如有些运动员在大赛中，水平发挥得极好，甚至能够打破世界纪录。这是因为他们感到了压力，并让压力产生了正面效果，那就是激发出了潜能。

在正确认识压力的同时，我们还应该感谢压力所赐予的“礼物”——它能激发人的潜能。“破釜沉舟，百二秦关终属楚”“置之死地而后生”说的就是“压力能够激发潜能”这个道理。

莱克尔是两个孩子的母亲，十几年前她失业了。当时她已经离婚，又没有固定的收入。由于未受过正规教育，也没有什么特长，生存危机顿时降临到了她的头上。屋漏偏逢连夜雨，在尝试着创业时，她又选错了从商时机，所有的努力都付之东流，境遇比先前更惨。可是，她并未因此放弃希望。

无奈之际，莱克尔带着两个女儿回到了故乡夏威夷。一天，她去市场买罩袍，发现这些服装只有一种尺码，并且花色非常单调。这种服装由当地的染织厂生产，样式千篇一律，做工也很粗糙，因此越来越不受欢迎。莱克尔立刻意识到这是个商机，遂决定改良这种产品，以满足人们的不同需求。

朋友对她的想法提出过质疑，但莱克尔充满了信心。她以仅有的100美元作为投资，开始在家为他人缝制由她设计的衣服。由于她制作的衣服美观、实用且风格独特，因而受到当地人的欢迎。她的生意越做越大，后来成立了自己的服装公司。莱克尔在压力中释放了自己的潜能，不但解决了孩子们的生活问题，而且还促成了她事业上的成功。

莱克尔的事例在生活中并不少见，人们一旦调动起自己的潜能，其力量是令人惊讶的。正因为如此，成功学者安东尼·罗宾才说：“压力其实并不可怕，可怕的是我们甘愿承受压力的摆布。”命运是由自己掌握的，我们应该主宰命运，应该向压力发起挑战。

大凡有所成就的人，都承受过不小的压力。所以，我们不应逃避压力，相反地，要利用它激发自己的潜能，让它变成促使我们前进的动力。

第八章

顺应大局，打好手中的应变牌

不谋全局者，不足谋一隅

清朝末年，清政府正处于日渐衰落的时期，国难当头，满朝文武出谋划策，连连进谏，其中一篇名叫《迁都建藩议》的谏言脱颖而出。该篇谏言主要是呼吁朝廷将首都搬到荆州，甚至罗列了迁都的十大好处。撰写它的作者是当时堪称少年天才，文压群芳的陈澹然。

虽然这个建议最后没有被采纳，可其中一句名言“惟自古不谋万世者，不足谋一时；不谋全局者，不足谋一隅”一直流传至今。

在这里，我们主要说的是句子的后半部分，也就是“不谋全局者，不足以谋一隅”。

“不谋全局者，不足以谋一隅”。从字面上我们就能够明白，讲的是“全局”与“一隅”的联系。一方面，全局由多个一隅组成，只有每一隅的部分完成好了，才能获得全局的圆满；另一方面，不能顾全大局的人又怎能获得一隅的成功呢？

“全局”与“一隅”的关系我们又可以看作“大局”与“小局”的关

系。凡是谋略从小局出发的人往往容易局限在小局之内，只看到小局的利益，只关注小局的发展，因而扭曲了终极方向。而从大局出发的人则是先观察好大体的走势，能够先从更大更广的时空范围内寻找和把握大的机遇，看清问题的本质，然后根据全局拟定计划，分出小局，如此，一隅才能因势而上，最终赢得正确的发展。

这就好比走路，从南到北之间存在相当的距离，这其中必定会有各种分岔路口和小路。首先，你得确定你要从南边去到北边，南往北这是全局的方向，目的地就是你锁定的终极目标。然后，你就得拟定路线，这条路线最好方便车辆行驶且节省时间，可在地图上将所有可能达到的大路与小路都找出来制定最为便捷的路线。最后，你可将每一段路看作一局域，选择各个正确的分岔路口才能到达终点。

倘若在制定线路时只想着一直往前走，从不看大局，只一味地去应付现阶段十字交叉的小局，则很容易迷路，从而导致到达不了目的地。

所以说，我们在审视一个问题的时候，只有从战略性的、宏观的角度去看待问题，才能开阔你的视野，做到运筹帷幄，而不至于被遇到的问题牵着鼻子走。

起先，这种思想主要深入应用在军事战术中。

孙武是春秋末期军事家，后人尊称其为孙子、孙武子、兵圣、百世兵家之师、东方兵学的鼻祖，他所著的《孙子兵法》就是军事谋略的巅峰之作。

《孙子兵法》中所陈述的各类计谋都是以“谋攻”为手段，以“全胜”为目的。这其中的“全胜”思想很多人觉得是指“不战而屈人之兵”，意思就是运用谋略不战而胜，支持不战主义。而我却认为《孙子兵法》整本书所论的都是如何战争，是建立在“战”的基础之上，不战主义在这里显得自相矛盾。

所以，我更赞同“全胜”是谋全局，定全策，力争用最小的代价获取全局的胜利的观点。也就是强调想要胜利就必须将重心放在“全”字之上。

都说商场如战场，随着经济竞争的愈演愈烈，孙子在军事上的谋略被灵活运用到现代企业的发展中。

中信资本控股公司是时下较大的一个投资集团，它是由中信泰富和中信国际金融控股两家香港上市公司联合创建的。在创建的初期，刚好碰上华尔街处于熊市，世界经济的领头羊被金融危机席卷而低迷，香港等地深受影响，很多投资公司遭遇洗牌，一些著名的大投资行业不得不裁员。

中信资本市场控股有限公司的董事及行政总裁张懿宸从全局出发，认为这是一个招聘业务人才的大好机会。他说道：“了解投行的人都知道，投行最大的成本是人力成本，做投行的前几年就要先投钱把人养活，然后再挣钱。在有人才的前提下，业务才能建起来。”正是本着这种先看自身公司发展的全局再根据形势走好公司每一个小局的思想，中信资本拥有了许多在投资行业不可多得的人才，现今才能不断发展壮大，成为香港投资企业中的龙头企业。

如今，在经济市场的角逐中，只有谋略才是通往璀璨之路的法宝，而要想用好谋略，则需要从全局审视。现代西方心理学中有个著名的“整体性定律”就很好地证明了这一点。

“整体性定律”认为：零散的部分相加不等于整体，通常整体是大于局部之和的。整体并不是局部的简单相加，而是局部之间有机的组合。

那些从小局域出发的人没有从整体上把握全局，就不能做到将局部最有效地结合起来，也就不能提升整体的效益，获得全局的胜利。就像最会画竹子的苏轼，一节一节，一叶一叶，也只有“胸有成竹”才能最终将其画好。这足以表明，在现实生活中，我们看问题，做事情，都必须要有全局意识，而不能只从局部角度考虑。唯有如此，才能赢得全局的胜利！

不要拘泥于形势，要学会随机应变

在我们的人生道路中，其实并不是一帆风顺的，而是有着许多的困惑不解或遇上荆棘坎坷。有时候，一个困境就可能改变你的人生格局，进而影响你日后的发展，甚至决定你最终能走多远。因此，当你遇上困境时，你需要随机应变，只有这样，你才能化险为夷，对任何事都做到游刃有余。

战国末期，秦国有一个名叫王翦的大将奉命率兵征战沙场，王翦在临走的时候，特意向秦王请求道："大王，您能否赏赐我一些良田宅邸。"秦王回答道："将军只管放心地在外面征战，要这些身外之物又有什么用呢？"王翦坚持说道："我有幸被大王提拔为将军，即便建立功勋，也很难封侯拜相，因此，我想趁着大王上次给我美酒与美食的奖励，这次大胆地请求再赏赐我一些良田宅邸，以便我的子孙后代生活无忧。"秦王听后忍不住哈哈大笑，应允了王翦的这一请求。

当王翦来到潼关后，再次派出使者赶回秦国都城向秦王索要良田房屋，秦王也都一一答应了。王翦的心腹劝说王翦不应该这么做。王翦屏退兵将后，才对自己的心腹大将说道："你知道我并不是多么贪婪的人，可是眼下秦王疑心太重，特别是他将秦国的所有兵力交给我一人指挥，内心一定会感到惶惶不安。因此，我才多次请求秦王能够多赏赐给我一些良田美宅，明面上是为我的子孙后代考虑，实际上是为了让秦王不再疑心于我，只有这样，秦王才会对我更加放心。"的确，要求秦王赏赐给他许多良田美宅，虽然会让人说他贪婪，但是，这比起秦王怀疑他造反来说，实在微不足道。

王翦很聪明，他深切地认识到自己执掌秦国的所有兵马，一定会招致秦王对自己的猜忌，所以面对这样的情况，他就装作一副贪婪的样子，向秦王索要良田美宅。这样一来，秦王也会认为他既然为人贪婪，胸无大志，就不会有造反之心，因此也消减了对王翦的猜忌。

临事不乱，沉着应变，处置得宜，以防生乱，古代帝王将相精通权术，善于应变，代不乏人。妇女精于此道者，也大有人在，如金时郑氏即是善于应变者。

金朝末年，蒙古军开始攻打金国，并且获胜不断。反观金国大军，节节败退，失去许多国土。金宣宗被逼无奈之下，只好遣使向蒙古递交求和书，可是，蒙古兵还是选择继续攻打金国，与此同时，金宣宗遣军进攻宋国，结果也以失败告终。金国腹背受敌，形势极其不利。

然而，就在这危急关头，金宣宗竟然大病不起，朝堂内外一片混乱。就在这人心惶惶，局势不稳的情况下，偏偏金宣宗的二儿子完颜守纯对其积怨很深。按理，由于长子完颜守忠和长孙完颜铿去世，金宣宗本应立二子完颜守纯。然而，金宣宗却在1216年，将自己的三儿子完颜守绪立为皇太子。因为皇太子之争，完颜守纯和完颜守绪向来存在争执，再加上完颜守纯的母妃庞氏和前朝资明夫人郑氏也存在一些嫌隙，如今金宣宗病情危急，完颜守纯与自己的母妃庞氏开始为谋取政权做准备。他们对皇上传位给完颜守绪这一点很不满，如今正是一个千载难逢的好机会。

金宣宗卧病在床的那段时间内，宫里的人都非常焦急，大家纷纷过去探望。郑夫人年纪大了，加之性格十分沉稳，所以每天都在金宣宗的病床前守候着他，宣宗也非常信任她。有一天深夜，那些探望皇帝病情的大臣陆续离开了，只剩下郑夫人照顾宣宗。过了一会儿，宣宗觉得自己时间不多了，于是对郑夫人吩咐道："快点让太子过来，然后为朕举行丧事！"郑夫人听后边流泪，边点头答应。宣宗说完之后就呼吸加重，没一会儿就去世了。

郑夫人表现得极为镇定自若，她没有放任自己痛哭流涕，更没有召唤其他人过来。她心里明白，宣宗已经去世了，即便自己再怎么痛苦，他也不会活过来。而宣宗的儿子守纯、守绪向来不和，如果让他们得知宣宗离世的消息，一定会引发一场政变纷争，要知道，这种政变纷争在历史上几乎不可避免，而如今的国家满目疮痍，如果宫中再出现如此变故，一定会"国将不国"。所以，当务之急是要稳住宫中，稳定人心，最关键的便是保住守绪的皇位，杜绝守纯的叛乱。于是郑夫人装出一副若无其事的样子，将宣宗去世的消息封锁起来。夜里，皇后及贵妃庞氏一起来寝阁问安。郑夫人冷静沉着地对庞氏说："皇上正在更衣，不便进去。后妃不如先在外室小憩等候。"庞氏信以为真，便走进了外间。郑氏夫人立即将外间门锁上。

庞氏恍然大悟，知道上当了，但悔之晚矣。郑夫人立即召集大臣，宣布皇上驾崩的消息，并宣告皇帝遗诏，立皇太子守绪为帝。大臣知道皇上去世，心情沉重，但知道诏立守绪皇太子，心情又觉舒坦，便纷纷告退。这时，郑夫人才用钥匙打开外间门，放出庞氏。庞氏气愤至极，但大局已定，她已无能为力了。

太子闻讯入宫时，守纯却已先到。守绪怕有他变，便先发制人，派手下把守纯看管起来，不让他随便行动。守纯本想等守绪进宫后行刺举事。没想到守绪却先行一步，使其计划全部破产。庞氏和守纯被抓禁，其他的人再不敢乱动了。一场将要爆发的内乱，在郑夫人的机智应变之下，巧妙地平息了。

在危机面前，如果能恰当地装聋作哑或装疯卖傻，也是一种很好的策略。郑夫人就是运用这样的假痴不癫策略保住了金国江山。因此，尽管装疯卖傻相比于临危不惧或誓死如归有些无奈，但是，"留得青山在，不怕没柴烧"。从这点来看，面对危机装聋作哑也是一种很不错的应变术。

中国古代著名书法家王羲之在不满十岁的时候，大将军王敦十分喜爱他，经常安排他到自己的床帐里睡觉。有一次，王敦起床后，王羲之还没有起床。过了一会儿，钱凤进来，让一干人等全都退下，与王孰说起密谋造反的事，一时间竟然忘记当时王羲之还在睡觉。当时，王羲之已经睡醒了，当他听见王敦等人密谋的谈话后，心知自己会被他们灭口。他突然计上心头，用自己的手指用力捅咽喉部位引起呕吐感，并且用呕吐物将自己的脸与被子都弄脏了，之后装作酣睡的样子。王敦他们密谋了一会儿后，才突然想起王羲之还在，钱凤二人都极为惊恐地说道：“王羲之这个小子是不能留了！”王敦慌忙掀开床帐，看到王羲之嘴里吐出来的东西将被子都弄脏了，但是人还处于睡梦中，断定他一直在熟睡。如此一来，便没有杀掉他，王羲之临危之际装作痴呆样，才得以保全性命。

在遇到困难和危机的时候，要想各种方法来突破和解决，不要拘泥于形势，要学会随机应变，见机行事，找到突破危机的关键点。

放弃眼前最好的是为得到将来更好的

趋利避害是人的本能。所以当人们面临选择的时候，大多数人都选择最好的而不愿要相对差的。然而这个世界有时也会捉弄人，它有可能会把原本好的东西变成差的，也有可能把最差的东西变成最好的。

东汉的时候，有个担任太学士的官吏名叫甄宇。据说此人忠厚老实，向来对人谦卑礼让，拥有非常好的人缘。有一年快到除夕的时候，皇上想要将外番进贡的山羊赏赐给众位大臣们。可是，这群山羊大小胖瘦参差不齐，负责分羊的大臣实在想不出一个让众位大臣都满意的分羊办法。

一时间，众位大臣开始纷纷为他出主意。有个大臣说："干脆将这群羊都杀掉，之后按照肥瘦搭配，每个人分得同样重量的羊肉。"又有一位大臣说："不如抓阄分羊，不管分到什么样的山羊，都是自己的运气，怨不了别人。"

正当众位大臣七嘴八舌地为分羊的大臣出主意时，突然，甄宇神情自若地走出来一边说："羊群很容易分配。"一边兀自牵走一只又小又瘦的山羊，面带微笑地走了。众位大臣看到这里，也都效仿甄宇随便牵走一只山羊回家，就这样，这个难倒众人的分羊问题便这般轻易地化解了。

光武帝听说这件事后，赐给甄宇一个“瘦羊博士”的称号，甄宇由此得以扬名天下。时隔不久，甄宇又在众多大臣的共同推举下，升任为太学博士院院长。

一时的吃亏并不算吃亏，一时的放弃换来的也许是更多的收获。就像甄宇这样，虽然当初选择了最差的，看上去似乎是吃了亏，然而却因此既得到了众大臣的尊敬，又得到了皇帝的器重，等于捡了个大便宜。

在这个喧嚣浮华的社会，保持一份平和的心态着实不易。但至少我们还可以选择自己所真正需要的，放弃无意义的执着。唯有如此，我们才能活得平实而快乐。当你面临选择时，不要被膨胀的欲望所牵制，而只看到最好的。其实，最好的东西并不一定适合所有的人，所以，很多时候放弃也是一种变通，放弃应该放弃的东西，可以让一个人轻装上阵，也有可能换来更大的收获。

很久以前，有一个背着砂锅出行的老人艰难地走在道路上。结果走了一会儿，绑砂锅的绳子忽然断了，砂锅也掉到地上摔碎了，可是老人却仿佛什么事都没有发生过，依旧头也不回地继续前行。好心的路人喊住老人：“老人家，您不知道您的砂锅碎了吗？”老人回答：“知道啊。”路人奇怪：“那您为什么不回头看看？”老人说：“既然已经碎了，回头看一看又有什么用？”说罢继续赶路。

这位老人的所言所行显然都极富哲理。的确，既然砂锅已经摔碎了，回头看看又有什么用呢？失败是无法挽回的，即使惋惜悔恨也于事无补。与其在后悔中挣扎，浪费时间，还不如重新来过，重新找到一个目标，再一次发奋努力。和那个老人一样，不要因为一只砂锅而作无谓的自责和叹息。只有学会放弃对过去的追悔，才能实现心理上的超越，最终战胜自我并实现自己的价值。

今天的放弃，是为了明天的获得。舍不得家庭的温暖，就会阻挡你起程的脚步；舍不得放弃鲜花，就有可能耽误了你美好的青春。

第二次世界大战结束后，日本的一个叫多川博的人经营的一家名为尼西奇公司面临破产的险境。那个时候，尼西奇公司才有30多名员工，该家公司主要生产尿布以及雨衣、游泳帽和玩具等各种各样的日常生活中的橡胶制品。

有一天，愁眉不展的多川博在一份研究人口资料的报纸上得知，全日本大约每年都有将近250万的婴儿出生。于是，他突然想到，假设每个婴儿仅仅使用2条尿布，那么自己每年就能卖出500万条。当然，当时的大公司根本不屑于生产尿布这类小商品，然而，自己的公司却完全可以放心大胆地去做。紧接着，多川博果断放弃生产除了尿布以外的其他产品。时至今日，尼西奇公司早已成为拥有780多名职工、每年的销售额达70亿日元的大公司。该公司所生产的尿布销往全世界，覆盖多达70多个国家和地区，已然成为全球最大的尿布专营企业。

多川博放弃了，他也得到了。虽然在当时人们认为他放弃了最好的选择，但从他的结果中我们可以看出，他放弃的正是他事业的“糟粕”，如果对这些“糟粕”恋恋不舍，也就没有最后的辉煌。

用变通的眼光看问题，就会发现，如果不舍得放弃眼前最好的东西，也就难以得到将来更好的东西。如果你能看得更高更远，就不会去做一些无谓的“争取”，而是选择放弃。放弃有时候就是最好的争取。

变局：小舍小得，大舍大得

有句话说："相由心生，烦恼皆自寻，若为舍不得，心怎得快乐？"舍得是做大事者的应有心态，取舍从容，低调坦然，体现出了大胸怀者的人生追求。为利所扰，舍不得而忧；为情所困，舍不得而痛。人要快乐，就要舍得。著名作家贾平凹说："会活的人，或者说取得了成功的人，其实懂得了两个字——舍得。"不舍不得，小舍小得，大舍大得。

树舍烂漫春花，获累累秋果；蛇舍弃外皮，得生命新生；蜥蜴临危弃尾，得生命保全；雄螳螂舍命求爱，得繁衍生息；溪流舍弃自我，得以汇入江海；凤凰舍弃生命，得以涅槃重生。人舍成规，得别具一格；舍人云亦云，得独辟蹊径。可见，只有拥有舍得的心态、懂得了舍得的人生大智慧，才能将自己的人生经营得有声有色，拥有成功而幸福的生活，从而活得精彩、活得快乐。

人都会经历"取舍"而获得属于自己的独特人生，在"舍得"中体现智慧与豪情，在"舍得"后获得成功或友情。正如星云大师所说："心随境转则不自在，心能转境则无处不自在。"

人人都有属于自己的特殊人生路，都要面临着无数次的抉择与彷徨。当机会降临时，只有那些树立远大人生目标的人，才能做出正确的取舍，把握自己的命运。

树立了宏大理想，在人生的重要关头就有了明确的衡量准绳。孟子曰：“舍生而取义者也。”这是他的选择标准，也是他人生的追求目标。

一些看似平常的选择，其实却关系到我们一生的前途和命运，古人云：“不积跬步，无以至千里；不积小流，无以成江海。”无论多么远大的理想，伟大的事业，都必须从小处做起，从平凡处做起，所以对于看似琐碎的选择，也要慎重对待，考虑选择的结果是否有益于自己树立的远大目标。

有这样一则小故事：

有一只被锁着的老鹰。一些小鸟总是自由地唱着歌儿从它身旁掠过，为了获得自由，老鹰用尽全力挣脱锁链，却折断了自己的翅膀。老鹰用折断的翅膀起飞，没飞几米，身躯便不听使唤地栽落在地。

其实，每个人的自由都是相对的，世间没有绝对的自由。老鹰向往小鸟的自由，挣脱了锁链，却牺牲了自己的翅膀。自由如果要以牺牲自己的翅膀为代价，实际上也牺牲了自由。

对我们来说，放弃是需要莫大的勇气和智慧的，凡经历取舍时每个人都有一个痛苦的过程，因为放弃意味着失去，但是，不会放弃，幻想拥有更多的选择，最终也许会一无所获，这是生命的无奈之处。鱼和熊掌不能兼而有之，生活给予我们每个人的都是一座丰富的宝库，但你必须学会放弃，选择适合你自己的，否则，生命将难以承受过多的重量！

诺贝尔奖得主崔琦，在普通人眼里简直是“非正常人”：远离社会，从不出现在公共场合，整日浸泡在书本中和实验室内，甚至在诺贝尔奖桂冠加顶的当天，他还如常地到实验室工作。更令人难以置信的是，在美国高科技研究的前沿领域，崔琦居然对电脑一窍不通。他研究中的仪器设计、图表制作，全靠他一笔一画完成。遇到要发电子邮件，也都请秘书代劳。他的理论是：这世界变化太快了，我没有时间去追赶！

崔琦放弃了世人眼里炫目的东西，为自己赢得了大量宝贵的时间，也赢得了至高无上的荣誉。

人生如白驹过隙，既短暂又迅速，有限的精力不可能顾及方方面面，而世界上又有那么多炫目的精彩，这时候，放弃就成了一种大智慧。很多时候，放弃是为了更好地获得，那么放弃一些对你而言并不必需的“精彩”，又有什么不可以呢？

贪婪过度是一种心理上的疾病，很多人因为贪婪反而失去了所有。不管何种情况下都一直抓住自己想要的东西不放，往往会给自己带来压力、痛苦、焦虑和不安。什么都不愿放弃的人，往往什么也没有得到。

放弃是一种智慧。尽管你的精力过人、志向远大，但时间不容许你在一定时间内同时完成许多事情，正所谓“心有余而力不足”。所以，在众多的目标中，我们必须依据现实，有所放弃，有所选择。

有些人认为“隐退”是“没落”的同义词。曾经有过非常多的例子显示，对于那些惯于享受欢呼与掌声的人而言，一旦从高空中掉落下来，就像是艺人失掉了舞台，将军失掉了战场，因为一时难以适应，而陷于绝望的谷底。

有时候以退为进，不失为一种明智的选择。心理专家指出，一个人若是能在适当的时间选择短暂的隐退(不论是自愿还是被迫)，都是一个很好的转机，因为它能让你留出时间观察和思考，使你在独处的时候找到自己内心真正渴望的世界。

有智慧的人往往会在人生最得意的时候给自己一个缓和的余地。虽然，一时失去掌声不免令人惋惜，但从长远来看，这也是一种以退为进的策略。心理专家认为，"隐退"就是进行深层学习，一方面韬光养晦，一方面重新上发条，平衡日后的生活。当你志得意满的时候，是很难想象没有掌声的日子的。但你要知道，既能拥得了繁华，又能够享受隐退，才能成就更好的自己。

欧文40岁那年，被提升为公司总经理。3年后，他自动"开除"自己，舍弃高高在上的"总经理"的头衔，改任没有任何实权的顾问。

正值人生最巅峰的阶段，欧文却奋勇地从激流中跳出，他的说法是："我不是退休，而是转进。"

"总经理"意味着财富、地位、前途，是一个人事业身份的象征。然而，短短3年的总经理生涯，令欧文感触颇深的却是诸多的"无奈之举"与"不得已而为之"。

他仔细地审视自己，他的工作确实让他变得光彩照人，周围想巴结自己的人更是不在少数，然而，他每天除了疲于奔命，穷于应付之外，活得其实并不开心。这个想法，促使他决定辞职。"人要回到原点，才能更轻松自在。"他这样说。

辞职之后，就没有司机接送的待遇，应酬自然减到最低。闲下来的欧文，感觉时间突然多了起来，他把大部分的精力拿来写作，抒发自己在广告领域多年的观察与心得。

“我很想试试看，人生是不是还有别的路可走。”他笃定地说。

其实，欧文在写作上很有天赋，而且多年的总经理经历给他积累了大量的社会素材。现在欧文已经是某知名杂志的专职作家，其间还完成了两本管理学著作，欧文终于迎来了他人生的第二个灿烂时刻。

智者认为，“隐退”很可能只是转移阵地，或者是为了下一场战役储备新的能量。但是，很多人认不清这点，反而一直缅怀着过去的光荣，他们始终难以忘记“我曾经如何如何”，不甘于从此做个默默无闻的小人物。其实走下山来，你同样可以创造辉煌！

借路而行会比开山凿路更容易

人的一生其实很短暂，如果你想追求成功而美好的人生，就不能在一个困难上浪费时间，有时候借路而行会比开山凿路来得更容易。

中国人几乎都听过“愚公移山”的故事：传说古时候有一个名叫愚公的人，因为自家门前的两座大山挡住了出行的路，于是下定决心将这两座大山移平。可是，一位智叟对此摇摇头，劝说他最好不要这样白费力气。愚公却回答道：“我死后，还有我的儿子及孙子继承我的遗愿继续挖山，相信只要我的子孙还在，这两座大山就一定会被移平。”据说此事最终传到了天帝的耳朵里，天帝被他的诚心感动，命大力神将那两座大山搬走了。

古往今来，多少人被愚公那种坚持不懈、誓不罢休的精神所鼓舞，也在这种精神下越挫越勇，变得越来越有毅力。确实，不管遇上什么困难，都要有坚持到底的信念，然而仔细想想，愚公的精神固然可嘉，但是其行动的成效却是不显著的，尤其在现代社会，这种认为光靠坚持就能成功的思想是不可取的。

一位汽车销售员通过朋友了解到一对夫妇有购买二手车的想法，就三番五次地来到这对夫妇家中，向他们推销自己代理的汽车，从外观讲到性能，从品牌讲到价格，费尽口舌，花样百出，却丝毫没有吸引到这对夫妇的注意。他们总是认为车子有些毛病，这个外观过于老套，那个性能不好，好不容易有几辆看得顺眼的，也以价钱太高为由回绝了销售员。销售员为此很苦恼，他始终不知道失败的原因，按常理来说，他能做的都已经做了，可为什么那对夫妇就是不满意呢？一个朋友帮他指点迷津，告诉他："别强迫那种意志不坚定的购车者，要让他主动挑选出一辆适合自己的，你什么都不用做，只要让他觉得，那是他自己的意思，就够了。"销售员半信半疑，但想不出什么别的办法，就决定按照朋友说的试试。

几天之后，有另一位顾客想把自己的旧车卖掉换一辆新的，推销员一下想到了那对夫妇，也许他们会喜欢这辆旧式的汽车。于是，他给夫妇打了个电话，但并没有直接推销汽车，而是说有个问题想请教一下。那对夫妇接到电话后很痛快地就到了卖车的地方。销售员说："我知道你们对买车已经有很多心得和经验了，我想让你帮忙看看这辆老爷车可以值多少钱，你告诉我后，我可以在以后的交易中，有个准确的资料。"那对夫妇听到这些话后满面笑容，终于有人向他们请教了，有人看得起他们。丈夫二话不说就钻进了车里，驾车兜了一圈，又围着车子左看右看，他说："这车子，如果你能以1万元的价格买进，那你就真是捡到宝了。"销售员接着问："那如果我以你说的数目买进这台车，再转手卖给你，你要不要？"1万元，正是那对夫妇的意思，也是他自己的估价，哪有不要的道理？于是这笔生意当场就成交了，双方各取所需，皆大欢喜。

就像这位销售员一样，无论他怎样主动介绍汽车的优点，顾客还是心存顾忌，而当他试着换一条路走，便轻而易举地卖掉了汽车。

“条条大路通罗马”，你的目标可能只有一个，但是达到目标的路却有千万条，当你遇到了大山，始终翻不过去的时候，不妨绕路而行，就算绕了远路，也比翻过大山要轻松，更比移走大山容易得多。你可能不会面临大山的阻挡，但是却很有可能走上一条满是石子的曲折小路，与其不断地在石子路上艰难前行，倒不如绕路而行。

一个聪明人，一定知道在哪种情况下应该坚持自己的意见，让别人发现自己的闪光点，也一定要明白在哪种情况下应该虚怀若谷，不做出头鸟，尽可能地和团队保持一致意见。只有这样，才能让你在与人交往的时候左右逢源。

姗姗和婷婷的关系很好，再加上两人又是老乡，因此在工作中常常相互帮助，在生活中也宛如一对亲姐妹。

有一天，公司的一个男青年小王悄悄地对姗姗说道：“嗨，姗姗，我认为婷婷这个人实在太较真了，简直冥顽不灵，你觉得呢？”

姗姗听完他的话，心里对小王说自己好朋友的坏话感到很不舒服，但是她还是冷静地说道：“小王，我想让你换位思考一下，假如我们现在议论的对象换成你的好朋友，如果被她得知你在背后讲她的坏话，你会不会感到很难堪呢？”

小王听到这里，已经羞得面红耳赤，只能灰溜溜地走了。

确实，当你很厌烦某个人的言行时，你可以选择不管不顾地发泄情绪，可是，你也必须接受双方自此反目成仇的严重后果。这样做的结果是自己痛快了，却让彼此陷入尴尬，甚至不利于整个团队的发展。

姗姗在指责小王的时候，选择侧面敲打的方式，既能提醒小王“婷婷是我的好朋友，我是不会和你合伙议论她的”，又暗示小王不应该在背后说别人的坏话。这样做，既委婉含蓄，又充分表达了自己的立场。

作为一个年轻人，是要美貌与智慧并重的，学会借路而行，你会发现生活的天空更加广阔，你会懂得很多事其实不必硬碰硬地撞得头破血流，只要稍微绕一点儿路，一切都可以变得很容易。

打得赢就打，打不赢就走

退却不等于失败。我们通常说“打得赢就打，打不赢就走”，这是权衡利弊后的一种理智决策，一种聪明的战术。

孙子兵法中记载了“三十六计走为上”的计策，这也表明当自己的对手过于强大时，如果你非要对其强攻猛打，这无异于以卵击石，是不会得到好结果的。如果你能懂得隐忍或蛰伏起来，选择暂时的退让或服软，以后再积蓄自己的力量，选择恰当的时机反攻，或许能够有翻盘的机会。

当然，所谓“走为上”的计策并不是指让你遇到困难或挑战，在没有尝试或分清形势的情况下就选择逃跑。是否获胜，是受到客观因素的影响的。如果实在没有获胜的希望，选择退让也是一种对策。

三国时期，诸葛亮率领大军攻打祁山的时候，将曹操养子曹真打得落花流水。很多将领请求诸葛亮乘胜追击，可是他却下令大军尽快撤退。有一位名叫杨仪的长史不明白诸葛亮撤退的原因，于是就问道：“昨天我军大败魏军，让魏军闻风丧胆，在这种对我军有利的情况下，丞相为何要求退军呢？”

诸葛亮慢条斯理地回答道："如今，我军缺乏粮草供给，速战速决还能坚持。曹真虽然战败，但是如果他凭借险要地带驻扎固守的话，对我们的形势非常不利。如果魏军出其不意，甚至将我军的粮草通道切断了，那么我们恐怕就不能安全退回去了。因此，我们要趁着曹真初败，不敢妄自出兵的好机会赶紧撤退，才能保存实力。"

接下来，蜀军将士很快撤退得一干二净。等到曹真获知这个消息时，诸葛亮已经率领大军撤退有两天了。

这个案例便是贯彻了"打得赢就打，打不赢就走"的理论。如果诸葛亮忽视自己军队粮草短缺等一系列问题，并未在初战告捷后就撤兵，就很有可能面对魏军的猛烈反击。倘若魏军把蜀军粮草运输通道切断了，那么蜀军就会面临全军覆没的危险。

有人也许会提出疑问：难道打胜仗就是为了尽快退兵吗？这难道不是前后矛盾吗？更违背了"打得赢就打"的精神！其实，从单场战斗的视角分析，看起来的确存在这样的反常问题，但是从大局上分析的话，诸葛亮实施的策略完全符合"打得赢就打，打不赢就走"的理论。

这是什么原因呢？这还要从当时的局势说起。一方面，三国时期，魏国最强，蜀国最弱，军事力量极为悬殊，纵使诸葛亮有翻天覆地的本事也不能赢得全局。另一方面，蜀国以汉朝正统自居，出兵征讨魏国可以说是势在必行，人心凝聚。要知道一旦凝聚不了民意，而强魏又出兵讨伐蜀国，那么蜀国江山必然会一朝倾覆。审时度势的诸葛亮太明白当前的天下局势，要想打赢魏国几乎不可能。但是，从局部来讲，如果集中兵力还能打赢一两次胜仗。因此，诸葛亮每一次率领大军攻打祁山的时候，不管战争取胜与否，他都会选择战后立即退兵。这便是灵活地运用了“打得赢就打，打不赢就走”的策略。正是因为诸葛亮进退有度，一直采取主动积极的攻守态势，才使得弱小的蜀国一直没有被强魏所吞食。

几年后，诸葛亮因病去世，接替他职务的姜维是个不识进退的人，无论打仗的结果是赢还是输，他总是不管不顾地继续缠斗，结果往往损失惨重，最终还将蜀国多年来积蓄的实力耗损殆尽。姜维的做法就是典型的违反了“打得赢就打，打不赢就走”的真理。

姜维之所以犯下如此严重错误，归根究底，并不是姜维对“打得赢就打，打不赢就走”这个道理不明白，只是他分不清到底是“打得赢”，还是“打不赢”，如此一来，他就不知道何时该进攻，何时该撤兵。其实，这也是我们绝大多数人会面临的问题。

关于“打得赢”还是“打不赢”，究竟应该如何正确地判断呢？曾经有位大将军说道：“我带兵打仗的时候，必会在做好万全的准备，有十足的把握能够取胜的情况下进攻。否则，就不进攻。”这个将军判断是否有把握的依据主要有以下几点：

1. 对敌军情况，包括具体实力、武器装备以及敌方统帅的性格等了若指掌。

2. 对自己及军队的实力有全面的了解。

3. 知道自己下一步应该如何做。也就是在知己知彼后，知道应该选择哪种最有利的作战计划。

4. 在做出重大决策的时候保持足够的理智。如果知道自己军队的实力有限，发现自己完全没有战胜敌军的希望，那么最好选择退兵，切记不能打没有把握的仗。

5．对自己充满信心。如果没有与对方一战的实力，可是又退无可退时，就相信自己一定会创造奇迹，并且充满自信地去迎接敌军，英勇奋战。

日常生活中的我们在做事的时候，也应借鉴上面的5点内容。切记，一定要做有把握做成功的事情。

其实，“打得赢就打，打不赢就走”并不是让我们在遇上挑战的时候选择逃跑。而是不管是否决定打仗，其最终目的都是希望用最小的代价换取最大的胜利。这种策略，完全适用于现在生活中的各个领域。

在意大利，有一位著名的企业家，他的名字叫作卡尔罗·德贝内德蒂。德贝内德蒂在奥利维蒂公司担任总裁的时候，当时市场上刚刚开始流行微型电脑。他发现这一商机后，很快组建了一个研究实验室，并为此投放大量的人力与财力，让他们致力于家用或办公型微型电脑方面的研究创新。一段时间后，眼看自己的研究接近成功的时候，竟然被美国IBM公司研制的同类兼容式微型机抢先一步推进市场了，当时美国IBM公司生产的微型电脑迅速普及全世界。

在市场上，我们都知道抢占先机很重要。尤其是在高新科技领域更是如此。这对于德贝内德蒂来说，可以说是一个非常大的打击。

德贝内德蒂本人深深明白，如果坚持推出公司创制的微型电脑已经没有什么实际意义了，可是，如果让他放弃自己投入大量人力物力研制的科技成果，这无疑是一种痛苦。即便他想放弃，也不能给为此付出许多心血的科研人员一个完美的交代。

一时间，德贝内德蒂感到进退维谷，但是，他最终还是决定将这个即将研制成功的成果彻底放弃，与此同时，他再次挑选出一些科研人员，开始让他们在IBM研制出来的微型电脑的基础之上，研发一种性能类似价格却更加便宜的兼容机。这一次，他终于大获成功。

当德贝内德蒂将这种高品质低价格的兼容机推出市场后，受到了广大消费者的一致欢迎。奥利维蒂公司也因此一跃成为一家享誉全球的著名企业，就连德贝内德蒂本人也多次被评为美国《时代》杂志的封面人物。

一个有远大理想抱负的人，绝对不会被一时的失败所打倒，甚至于一蹶不振，而是积极采取应对措施，灵活变通，寻找另一种方式找准机会取得胜利，如果时机不对，一定要及时撤退。这也就是“打得赢就打，打不赢就走”的精髓所在。

请扔掉折腾前面的那个“瞎”字

违背经济规律的折腾是劳民伤财，就等于不考虑全局利益的瞎折腾。既浪费了人力和财力，又加重了自己和家庭的经济负担。那些喜好瞎折腾的人，应该适时给自己亮起“红灯”，因为决策失误的后果是很悲惨的。“不折腾”指的是要按规律办事，看准了就敢于去冒险，看不准的就忍住冲动继续观察，会折腾才会有所成就。

要折腾也要会折腾，不要瞎折腾。会折腾，才是我们生活的乐趣。自己的幸福自己做主，不服输，不妥协，不放弃，不气馁，这才是折腾的真意。折腾不是蛮干，我们要学习知识，理性判断，才能成为一个会折腾的人。

1952年前后，日本电扇滞销，东芝电气公司的仓库里堆积了大量的电风扇，没有办法处理，令人心急如焚。一时间公司上下都在思索如何才能打破这一僵局。一天，一位职员向石坂董事长建议说：“人们的物质生活越来越丰富，市面上许多商品也有由实用转向美观的趋势。社会在变化，如果我们没有改变想法去适应变化，产品就会滞销。针对这个问题，可以把电扇的色彩改为漂亮悦目的彩色，形态也改得更优美一点儿，那样不仅可以提高商品本身的价值，也可以美化室内环境。”

当时，不仅是日本，世界各国的电扇都是黑色的。好像不漆黑色就不是电扇，故而形态显得十分笨重，给人一种浓重灰暗的感觉。听到这项建议，石坂董事长因产品滞销失去光泽的双眸突然亮了起来。“好主意，你的办法也许是打开销路最可行的办法。”于是，他立即命令设计部门研究。第二年夏天，新颖别致的彩色电扇上市了。它色泽宜人，形态优美，给人以清新、悦目、舒服的感觉，一上市就掀起购买热潮，几个月就售出几十万台。从此彩色电扇取代了黑色电扇。

在关键时刻，正是因为那个独具慧眼的职员能够冲破惯性思维的阻碍，敢于想别人不敢想之事，提出新奇制胜的建设性意见。不惧怕自己犯错误，通过聪明智慧和奇思妙想在逆境中奋力一搏，逆潮流而上，也许就会为自己打开另一扇门，带来新的生机。由此看来，不管做什么事情，不折腾则已，折腾就一定要折腾到点子上。想实现成功就要做那个会折腾的，既要镇定自若，又要睿智思考，只有这样才不会在盲目中成为别人眼中瞎折腾的人。

伊士曼是美国著名的柯达公司的创始人，他热心公益，捐出巨款在罗彻斯特建造一座音乐堂、一座纪念馆和一座戏院。为了承接这批建筑物内的座椅，优美座位公司的经理亚森前来会见伊士曼，希望能够得到这笔大生意。亚森被引进伊士曼的办公室后，伊士曼问道：“先生有何见教？”亚森没有谈到正题，而是说：“伊士曼先生，在我等您的时候，我仔细地观察了您的办公室。我本人长期从事室内木工装修，但从来没有见过装修得这么精致的办公室。”

伊士曼回答说：“哎呀！要不是你提醒，我差不多要忘了这件事情。这间办公室是我亲自设计装修的，当初刚建好的时候，我喜欢极了。但是后来一忙，几个星期都没有仔细欣赏一下这个房间。”亚森走到墙边，用手在木板上一敲，说道：“我想这是英国橡木。”伊士曼高兴地说：“是的，这是我的一位专门研究室内细木的朋友专程去英国为我订的货。”伊士曼心绪极好，便带着亚森仔细地参观起办公室来了，把办公室所有的装饰一件一件地向亚森做介绍，从木质谈到比例，又谈到颜色，从手艺谈到价格，然后又详细介绍了他设计的经过。

最终到亚森告别的时候，两人都未谈及生意。可最终的结果是：亚森不但得到了大批的订单，而且和伊士曼结下了终生的友谊。

为什么伊士曼把这笔大生意给了亚森呢？这与亚森的办事技巧很有关系。追求订单是每一个想成功的人梦寐以求的事情，得到订单意味着事业的根基更加夯实。如果这名老板一进办公室就开门见山地谈生意，十有八九要被赶出来。亚森折腾成功的诀窍是什么呢？其实很简单，就是他非常了解他推销的对象。他从客户伊士曼的个人经历人手，称赞他取得的成就，使伊士曼的自尊心得到极大的满足，把他当作自己的亲密朋友而畅谈，不用过多的言语，这笔生意就非亚森莫属了。

现实中，折腾有风险，总有些边界是不能碰的，折腾是一种手段，但绝不是目的；折腾是一种考验，并非是用来故意整人的；折腾是为了壮大事业留住骨干，而不是伤人心赶走良才。所以，切记有些边界是不能碰的，不能很好地规避风险，就会事与愿违。所以说，不能折腾的就别瞎折腾。

会折腾才会有成效，人是最能适应环境的动物。在一个会折腾的老板手下，一般的管理者也会越干越能干；在一个瞎折腾的老板手下，优秀的管理者也会越来越平庸。

会折腾需要我们灵活做事，为人处世圆融，因为做到能折腾的，一般智商就行，做到会折腾的，不仅要有高智商还要有高情商。

短暂的优势不能让你安度未来

万向集团董事会主席鲁冠球曾说过这样一句话："不把过去的优势当作现在的优势，现在的优势不等于将来的优势。"换言之就是，现在拥有知识的人并不代表将来还会使用这些多年以前的知识，拥有了现在的知识并不代表已经拥有了将来的知识。所以，为了以后的发展，我们要养成学习的习惯。

人的一生是终生学习、不断充实的一生。有了良好的学习习惯，才能不断汲取知识、丰富体验，使自己的生命更富有意义。

在忙碌又焦躁的生活里，在寂寞的风雨夜里，书籍可以给我们的心灵以温暖和充实。当你遇到烦恼、忧愁和不快的事时，首先应学会自我解脱，去读一读或翻一翻你喜欢的书籍和杂志，分散注意力、改变心态、平静情绪，从而减少精神痛苦。

书可以成为我们真诚的朋友、慈祥的导师、忠实的伴侣和温柔的慰藉。雨果曾经说过："各种蠢事，在每天阅读好书的作用下，仿佛烤在火上一样，渐渐熔化。"当知识真正成为心灵的一部分时，就会自然而然地显现出内在的涵养。古语"腹有诗书气自华"就是这个道理。

心灵是智慧之根，要用知识去浇灌。只有这样，才能在生活中运筹帷幄、决胜千里，才能指挥若定、挥洒自如。

香港首富李嘉诚，没有高学历，由于生活所迫，他很早就开始了自我谋生之路，那么他的成功与知识就没有关系吗？让我们听听李嘉诚自己是如何说的。

有一次，当记者问到他如何掌控和管理那么巨大的集团，又怎样推动这个王国长久前进时，他毫不犹豫地回答："依靠知识。"

尽管李嘉诚年岁已经较高，但到现在他每天晚上睡觉之前都会坚持看书。当记者好奇问他前天晚上读的是什么书时，他回答道："我昨晚上看的是关于资讯科技前景研究的书。我相信这个行业发展会非常快。在将来的两三年里，电影、电视都可以在小小的手提电话中显示出来。我特别喜欢科技、历史和哲学方面的书籍，最近我对网络资讯也很感兴趣。"

那么，日理万机的他又是如何安排自己的时间的呢？李嘉诚坦言："每天早上不到6点我就起床了，打一个半小时的高尔夫球，白天工作、开会，晚上睡觉前是固定的看书时间。"

在知识经济时代，所有的经济力量莫不依赖于知识，产生于知识。市场的竞争已经从产品的竞争发展到了知识的竞争、人才的竞争。

劳动生产力的说法已经日益过时，而知识生产力已经成为越来越多人的共识。

许多人都在抱怨没有读书的时间。然而如果你能把你的工作和生活安排得科学些，必然可以挤出不少空闲时间。"秩序""系统"最能节省时间，所以我们做事，必须力求秩序化、系统化，以便留出一些时间，用于“自我改进”与延长生命——读书。

大多数人都肯在自己心爱的事上留出相当可观的时间来。假使你真有求知的饥渴，读书的热望，你总会找出时间来的。

大多数人的缺点，就是一心希望在顷刻之间获得渊博的学识。知识是慢慢积累的，人们应不断地努力读书自修，不断地充实自己的知识宝库，本着活到老学到老的学习态度，渐渐地扩大知识范围。只有这样，知识才会越积越多，力量才会越来越大。

即便一个人不断地进行学习，有时候也会觉得知识不够用。学习是永远不够，也是永远不能停止的。

现在的社会，要想永远立于不败之地，就必须拥有自己的核心竞争力。要想拥有超强的核心竞争力，就必须有超强的学习能力。如果我们只是看到自己曾经取得的成就，认为自己掌握的知识已经足够使用，那么肯定会在某一天被时代抛弃。

真正有头脑的人，往往不是走一步算一步，而是计划好十步之后，再走一步。他们永远着眼于未来，将眼光放到足够远的地方。

我们每个人都是生活在“今天”的，对于明天我们永远都不可能预料。为将来学习说明我们有一个远大的目标。人的一生都需要终身学习，要不断地充实自己，养成良好的学习习惯，这样我们才能不断地获取知识，才能不断丰富自己的体验，让自己的生命更加有意义。

要在这个社会上生存，我们就要坚持不懈地学习学习再学习，培养自己终身学习的好习惯。这样我们才能紧跟时代发展，不会成为一个思想陈腐，与科技新发展、文化大进步脱节的人。

别被淹没在潮流中，要让自己与众不同

一个人，只因为唯恐与别人不一样，便随波逐流，把别人的方向当成了自己的方向，这样到头来很可能会一无所获。人们也怕离开了跑道给自己另辟蹊径会被认为遭受淘汰出局，只能盲目地继续跟着别人奔跑。以在跑道上的胜利为胜利，以能参加众人的拥挤为安全或成就，却不知这是一种自我迷失，是一种对个人能力的束缚。

如果一个人总是跟随他人学习，别人做什么，自己也跟着做什么，必然难以超越别人的成就。要想做成一番大事，必须学会开辟属于自己的道路。不要总是期待遇上贵人，也不要总是期待遇见奇迹，或者“天上掉馅饼”的美事，其实，只有自己，才是自己的贵人。只有自己，才能创造属于自己的奇迹。纵观古今中外，都没有随随便便成功的先例，也很少有依附别人一飞冲天或者扶摇直上并能保持一生的人。

在中国，有这么一句古话：“人贬人褒凭人论，自知自胜谋自强。”事实上，我们不要太过于在意别人对你的评价，因为你有多少才能，并不会因为别人的贬低而有所减少，也不会因为别人的褒奖而有所增加。你，始终是最初的自己。因此，切记一句话：“走自己的路，让别人说去吧！”

远在19世纪初期，当时的法国巴黎科学院向全社会发起有关“刚体绕固定点旋转”这一论题的征文，并配有高额奖励。征文的规定条件有：应征论文的作者除了提供必要的论文之外，还需要附带一条自创的格言。其中有一篇论文附带的“说自己知道的话，干自己应干的事，做自己想做的人”这条格言，被评价为具备最高科学价值的一句话。而写出这句格言的人是时年38岁的俄国著名女数学家苏菲娅·柯瓦列夫斯卡娅。

柯瓦列夫斯卡娅的确做到了“做自己想做的人”这句话。在19世纪初期，几乎全世界都处在男女地位不平等的状态，女性地位普遍低下，而柯瓦列夫斯卡娅作为一名女性，却成功地走进法国巴黎科学院，并且成为世界数学史上的首位女教授，这和她自己的积极争取和永不放弃有极大的关系。

一定要明白：人的生命只有一次，自己想要过怎样的生活，就需要自己主动去争取。如果一个人总是人云亦云，不敢挑战所谓的权威或真理，这都是懦弱的表现。这样的人生无疑是一种莫大的悲哀。一定要相信，我们才是生命的主宰，正如美国诗人亨利说过的“我是我命运的主人，我主宰我的心灵。”

做我们自己的主人，不要让他人决定我们的命运，更不要依附他人生存。千万不要做生活的被动者，例如有些人将自己的命运交给了金钱，沦为金钱的奴隶；有些人将自己的命运交给了权力，让自己沦为权力下的可怜人；有些人甚至将自己的命运交给虚无缥缈的超自然力量。

不管我们做什么，都要懂得坚持自己的判断、自己的原则。这里的坚持既包括做事的方法，也包括为人处世的立场、主见。如果一味地迁就、顺从别人，实际上是软弱的表现。过于软弱，就会逐渐失去自信心，而没有自信的人是很难成就什么大事业的。

走自己的路，必须学会背对一切袭向自己的冷嘲热讽，摆脱无谓的愤懑或消沉心理的无端困扰，然后披荆斩棘，逢山开路，遇水搭桥，并且趁自己在途中小憩的时候，回顾自己所走过的路，总结一下自己得到了些什么，又失去了些什么，走到了何处，又看见了些什么。

记得某位作家曾经说过："将生命停止在风景美妙的地方，当然有意思。但即便是停止在幽暗之处，停止在人迹罕至的场所，停止在荒凉的原野，也不必遗憾，只要生命能成为一个坐标，能为世人提供一个值得深思的故事，指点一下迷津，你就不会愧对曾关注过你的那些目光。"

是的，走自己的路在很多时候很多情况下意味着是在进行最富有意义的生命之旅。在这个旅程中，也许你会陷入"山重水复疑无路"的孤绝境地，但如果你给予自己强大的勇气和精神支柱，坚定自己的目标并勇敢地走下去，或许就会迎来"柳暗花明又一村"的绝佳境地。

你的气量决定你人生的高度

一个美好的世界，一定会是一个充满包容与爱的世界。大家都发挥良能，相辅相助，才能造就一个清净美好的世界。

100年前，美国有一位住院医师，他在医院附属的医学院念书，也做临床工作。有一天他终于研究出局部麻醉药品的运用，很高兴地向主任报告，没想到主任静静听完他的研究后，只是笑笑点头，没有丝毫惊讶的反应。

“主任，您感觉怎样？对于我的发明，您有没有什么指教？”

主任说：“我相信。”

住院医师很惊愕地问：“您是说，你早已知道可以局部麻醉？”

“不只知道，在十多年前就已经发现，我曾经指导过牙科医生做同样的局部麻醉，用在拔牙上。”住院医师听了之后，像是泄了气的皮球，别人十几年前就发现了，而现在他才发现。

他问主任：“您为什么不写成论文，发表出来呢？”

主任回答：“因为很忙就没发表。而且觉得这个方法只要可以运用在病人身上，能减轻病人的痛苦就可以了。”

年轻的住院医师有气无力地说：“可是我已经把论文寄出去了。”这位主任慈祥地看着他，并拍拍他的肩膀说道：“你应该发表，因为我没时间发表，所以该由你发表。而且你研究的时间比我长，发表出去可让医学界的人都知道，使它发挥最大的效用，应用在患者的身上，减轻他们的痛苦！”

住院医师很感激这位主任教授，明明先发现了，也已发挥功能十多年之久，现在却鼓励他发表出来。

这篇论文发表后，轰动医学界，年轻的住院医师一举成名。正是因为他有一位心量宽大的教授，才成就了一位年轻的医师。

要找到能够成人之美的人，实在不容易，在故事百多年后的当代社会，学术界已日新月异，而人的心量和修养有时反不及前人。

心量越大烦恼越轻，心量越小烦恼越重。心量小的人，容不得，忍不得，受不得，装不下大格局。有成就的人，则往往是心量宽广的人。

《三国演义》中的周瑜，是东吴的都督，年轻有为，足智多谋，屡立奇功，善于以自己的机智敏捷战胜对方，可谓智勇双全。然而，这样一位不可多得的将才最终竟英年早逝。在书中，周瑜之死的原因之一就是气量太小，也就是“诸葛亮三气周瑜”这个故事。虽然周瑜才华横溢，但是他心胸狭隘，内心长期备受嫉妒的煎熬，导致英年早逝。

生活中，我们会遇到形形色色的人，有人待人宽厚仁慈，有人小肚鸡肠，自私又卑鄙，但不论与谁交往，我们都不可能要求对方事事让我们满意。在人际交往中，气量显得尤为重要。

气量小的人，往往不能容忍别人比自己优秀，也容忍不了和自己存在分歧的人，时间长了，交往的圈子就变得非常狭小，自己变得越来越孤僻。在人际交往中要以宽广的胸怀去接受分歧，用气量包容误会。只有气量大，才能提升人生境界，你在有困难的时候才会得到更多帮助。

美国第16任总统林肯是美国历史上一位颇有建树的总统。他在任期内完成了数项足以影响美国乃至世界的丰功伟绩，他具备了很多优秀品质，坚韧、智慧、低调等，他的宽容品质也颇受世人称赞。

南北战争初，林肯下令调动一些军队参与作战，却受到了时任战争部长斯坦顿的阻挠，他拒绝执行林肯的此项命令，还口不择言发泄对林肯此项命令的不满、讽刺和嘲笑，甚至说道："作为总统，居然下达这种愚蠢的命令，他就是一个该杀的傻瓜。"

大家都在想，斯坦顿对总统如此不敬，公开表示不满和怨恨，林肯一定不会放过他的。然而，林肯没有恼羞成怒，而是静下来检讨自己的命令是否妥当。他亲自找到斯坦顿，征求他的意见，斯坦顿毫不留情地指出了此项命令的不当之处。经过深思熟虑，林肯认为方案的确存在很大的问题，于是收回了自己的命令。

几年后，林肯遭到暗杀，人们用许多颂赞的话语哀悼这位伟人，而所有颂赞的话语中，斯坦顿的话算是最有分量了，他说："林肯是最值得敬佩的人，他的名字将流传万世。"

林肯能够宽容大度，及时了解情况以纠正自己的错误，不仅消除了误会避免了不必要的损失，也赢得了部下的尊重。人生的道路漫长而坎坷，充满艰辛的同时，也孕育着希望。不要总是抱怨自己结交不到优秀的人，而应对人多一份宽容多一份理解。

气量和容人，犹如器之容水。器量大则容水多，器量小则容水少，器漏则上注而下逝，无器者则有水而不容。气量大的人，容人之量也大，能和各种性格脾气的人融洽相处，能兼容并包，听得进批评自己的话，也能忍辱负重，受得住误会和委屈。

某公司一部门经理职务空缺，公司从内部提拔，好多人都在竞争这个职位，其中以郭瑞和赵毅最有实力。虽然郭瑞更有能力，但由于赵毅和老板是亲戚，最终，赵毅出任了这个职位。大家都为郭瑞抱不平，但郭瑞说赵毅能力不弱，确实能够担当这一职位，而且还带头向赵毅表示祝贺。郭瑞的大度，让赵毅很是意外和感动。在此后的绩效考核中，郭瑞的成绩是部门中最高的，并因此获得了出国培训的机会。

郭瑞的能力高出赵毅，但如果他与赵毅争夺经理职位，那么他也就不会获得后来出国培训的机会。气量带给你的不仅是和谐的人际关系，还有让你获取更大成功的机遇。

如果你所在的部门有新人加入，而且你发现这个人可能取代你的位置，你会如何？是否会非常严格地要求他，把他任何一个小过失无限放大，当作不可饶恕的错误？如果他有什么不懂的地方向你请教，你是否会毫无保留地教给他？其实我们根本没有必要把事情搞那么复杂，当我们用宽广的心胸去对待对方，对方也会感知我们的热情和诚意，进而消除最初的防备和猜疑，用尊敬之心和敬佩之情来和我们交往。如此，双方关系就会日益融洽。

茫茫人海中，能够相识相知其实是一种缘分。我们应当好好珍惜自己所收获到的亲情、爱情、友情，学会用气量去稀释误会和怨恨。这样我们才能收获更多美好的事物，让自己的人生不断攀上新的高峰。

第九章

挣脱束缚，让你的生命轻装前行

空虚是你心里的恶魔，你必须战胜它

许多人每天按部就班地工作，过着十分规律的生活，内心却时常感到空虚。看到别人精神饱满地工作，业余生活也丰富多彩，自己却感到百无聊赖，做什么都觉得没意思，不晓得人生有什么意义，也不知道究竟为了什么而拼命工作，为了什么而辛苦生活。想要摆脱这种惆怅虚无的状态，可是又找不到解脱的方法。

空虚的感觉就像一片阴云笼罩在心头，它遮住了你的整个精神世界，让你感受不到人生的乐趣所在。心灵空虚的人犹如流离失所的人，灵魂无处皈依，尽管一路风尘仆仆，步履匆匆，却仍找不到一处容身之地。一些被空虚感包围的人对人生理想丧失了信心，只想漫无目的地游戏人间。为了消磨时光而沉溺于网络、电视和游戏，常常熬夜娱乐，毫无节制地透支健康，浑浑噩噩地浪费生命。

罗桑是个地地道道的“网虫”，他的业余时间几乎都花费在网络上。每天上班他都是无精打采的，但是只要下班回家打开网页，他立刻变得精神抖擞起来。在罗桑看来，生活很乏味，人生也是一片空虚，唯有网络才是他的精神家园。

罗桑大部分时间都在打游戏，每天在虚拟的王国里追求快感，由于经常熬夜，他眼睛下面有了浓重的黑眼圈，白天总是忍不住打盹，有一次他居然在公司的例会上睡着了，老板对他的工作态度很不满意，没过多久就把他解雇了。失去工作后，罗桑更是不分昼夜地玩游戏，但是他并没有从虚拟的世界里找到充实感和满足感，反而感到越来越空虚了。

罗桑的生活也是一团糟，屋子里堆满了垃圾，他无心清扫，一日三餐不是叫外卖就是吃泡面，搞得自己面如土色。只有20多岁的他，看起来却无比沧桑，更为糟糕的是他觉得做什么都没有意思，所以除了通宵达旦地玩网络游戏，他什么也不想做。

空虚是一种腐蚀剂，能侵蚀人的灵魂，使人空耗时光，让精神的沃土变得贫瘠，让生命之花在百无聊赖中枯萎。空虚的人时常感到寂寞和迷茫，不知道在人生的岔路口该选择哪个方向。为了摆脱这种无所适从的感觉，他们开始猎奇，用各种刺激感官的方式来唤醒自己麻木的神经，因此沾染上各种不良嗜好，还有可能滑入犯罪的深渊。

全球近年来经常发生森林大火，而森林起火几乎都是人为原因造成的，甚至还有些人因为精神空虚故意放火烧山，以此来发泄情绪和寻求刺激，新闻中不乏这种报道。空虚的人心理极度不安，为了让自己获得一种虚假的满足，即使饮鸩止渴也在所不惜。尽管他们的意识是十分清醒的，明知自己做的是妨害公共安全的坏事，但仍抵不住那种刺激的诱惑。就像那些故意纵火的人，他们当然清楚自己在做什么，可是理智早已让被空虚引燃的狂热之火焚烧殆尽，所以他们还是走上了犯罪的道路。

张博家境优越，谁也没想到他会变成校园里的惯偷。在全校师生眼里，张博是个非常优秀的学生，不但有着漂亮的成绩单，而且在校内举办的各大活动中都表现得十分突出。他的生活品质更是令同学们羡慕不已。谁又能料想到那个穿着限量版球鞋，喜欢喝苏门答腊咖啡，有几分小资情调的青年，竟会如此堕落呢？张博从小衣食无忧，人生一直顺风顺水，几乎没有一丝挑战性，他觉得生活像一潭死水一样波澜不惊，而偷窃便成为他寻求刺激的唯一方式。

第一次行窃的时候，张博感到血脉贲张，那种紧张刺激的感觉刹那间变成一种极大的愉悦感，令他兴奋异常。那次他顺利地偷到了室友的钱包，里面有500元钱，虽然这点钱根本不足以让他动心，但是偷窃的快感却给他带来了很大的满足感。此后他养成了顺手牵羊的习惯，又先后盗取了同学的iPad、自行车等财物，涉案金额逾万元。

后来公安机关深入学校调查，张博被问询，他对自己犯下的所有盗窃案供认不讳。全校哗然，大部分师生都很难理解，他过着令人羡慕的优渥生活，未来的前途一片光明，为什么会做出如此举动呢？是因为空虚，空虚的人很难找准自己的定位，所以才会昏了头。

空虚是你心里的恶魔，你必须征服它。因为人一旦陷入空虚的状态中，精神世界便会变得一片空白，没有信念，没有寄托，没有激情，心灵的家园呈现出可怕的荒芜景象。空虚让生命贬值，让生活变得没有质量，更可怕的是它会让人走向沉沦，那么我们该如何摆脱内心的空虚感呢？

1. 尝试去做全新的事情，为自己的生命注入活力

如果你每天都觉得无聊透顶，可能是因为你的生活已经陷入了千篇一律的固定模式，这个时候做出一点儿小小的改变和调整，你的心情也许就会大不一样。利用业余时间去做一些自己没尝试过的新鲜事，可以学学插花或者陶艺，把自己的家布置得别致艺术些，给卧室换一块色彩明快的窗帘，下厨烹饪各地特色美食，尽可能地为自己制造新鲜感和惊喜感，为生命注入鲜活的元素。

2. 树立人生理想，摆脱无意义感和空虚感

空虚的产生主要是因为理想缺失，没有理想的人容易感到空虚，因此树立人生理想是消除空虚最有效的武器。当你成功树立人生理想并建立起明确的人生目标时，内心的空虚感就会骤然减退，当你为追求理想而陷入充实的忙碌中时，空虚便会悄然离去。

3. 反思自己的生活，弄清内心的真实需求

如果你感到生活一片空白，人生无限虚无，这说明你的生活方式存在严重问题，你应该反思一下目前所过的生活是否真的是自己想要的。你是按照自己的意愿来生活，还是按照别人的期望来过日子？你内心渴求的究竟是怎样的生活，和现在的生活是否大相径庭呢？认真地倾听自己的声音，试着调整自己

的生活方式，让自己在快乐的轨道上前进。不要逼迫自己去做那些你认为毫无意义的事，重新规划自己的生活。一旦你能按照自己的意愿做事，内心就会慢慢充实起来，空虚感也会随之越来越弱。

浮躁会断送你美好的前程

从古至今，中国人对“浮躁”都是排斥的，是极力反对的。《论语》中提到，“欲速则不达，见小利则大事不成”“小不忍，则乱大谋”“三思而后行”等，都是前人劝诫后人戒骄戒躁，学会隐忍和含蓄，学会谨慎、沉稳的明智之言。

小李是某研究所的文艺学研究员。搞研究是一个需要耐得住寂寞，坐得住板凳，静下心来的学术职业，快不得、躁不得、懒不得、错不得，要求肯定是相当高的。有一天，小李在书库里翻了大半天的资料，忽然烦躁起来，心想，这样做事效率真够低的，得多长时间才能出新的有价值的研究成果啊，何年何月才能出名啊！

小李开始怀疑自己的选择了，为什么自己当初要选择进研究所搞研究呢？3年过去了，那些下海经商的同学现在大多已经有了自己的房子，结婚生子，而自己现在还是住在单位的单身宿舍里。

一想到这些，小李的心不自觉地浮躁起来，根本无法静下心来阅读资料，直到该项研究截止日期前的最后几天，他才找出了同类研究课题的一些研究成果，稍微改编了一下，算是完成工作了。

但是他的论文发表之后，研究所很快就接到了投诉电话，说他的文章中出现了整段抄袭的现象。小李知道自己犯了极大的错误，再也没有颜面留在研究所里了。

就是因为浮躁，小李最终不仅没有取得成功，反而落得个失业的结局。这种教训给我们以警醒：要想做成事，没有一份平淡与从容是绝对不行的。

如今，快节奏的生活容易使人心境失衡，如果浮躁冒进、急功近利，很容易心力交瘁。“淡泊以明志，宁静以致远”，宁静是一种气质，一种修养，一种境界，一种充满内涵的悠远。只有平息浮躁，保持平淡与从容，才能安之若素，踏实沉稳。

不要让自己陷于焦虑中

焦虑不但解决不了任何问题，反而会在紧要关头坏事。既然如此，我们不如心平气和地面对一切。

刚刚参加工作的张凡最近一段时间不知道为什么，老是为一些微不足道的小事忧虑，以至于影响了正常的工作和生活。

例如，不知道是什么原因，张凡竟然对自己之前非常喜爱的钢笔讨厌起来。当他看到被磨得非常平滑的钢笔尖儿的时候，他心里非常不舒服。不仅如此，他还非常讨厌那支钢笔的颜色，黑色让他感到压抑。所以，他决定不使用它了。他又买了一支灰色的钢笔，可看着它，张凡心里也难受。那这次又是为何呢？原来他在买钢笔的时候，看到售货员是个年轻漂亮的姑娘，紧张得满头冒汗，他觉得别人肯定看见他的窘态了，这极大地伤害了他的自尊心。所以，看到这支钢笔，就让张凡想起自己出丑的事情。他恨不得扔了它，但回过头来想想，这不是跟自己过不去吗？钢笔是自己新买的，不仅花了钱，关键是还没用呢，所以又打消了这个念头。

另外一次是，张凡买了一个小塑料饭盒，主要用来盛饭。但看到这个盒子，他突然想："这种材料会不会有毒？"张凡曾经看过一篇报道，说塑料不耐高温，不能盛放加热食物。这下张凡又紧张起来了：这个小塑料盒到底有没有毒呢？如果有毒的话，我使用了它不就相当于慢性自杀吗？如果没有毒，我不用它不就白白浪费了……

有一天，张凡又为头上的2个"旋儿"而苦恼起来。他听人说1个旋儿好，2个旋儿孬，3个旋儿气得爹娘要跳井。真是这么回事吗？要不为什么自己经常惹父母生气呢？可许多有2个旋的人也不像自己这么怪呀！这个念头令张凡终日忧虑不已。

张凡就这样一直在忧虑的旋涡中徘徊、挣扎……

他这是一种典型的焦虑心理。

其实，很多人的焦虑情绪都是没有原因的。它是一种随时可能出现的令人不愉快的紧张心理状态。不过适当的焦虑是有好处的，它可以提高人的警觉度，充分调动身心潜能。但如果过度焦虑，那么，很容易处于一种不安的状态，根本无法正常生活。

处于焦虑状态时，人们常常有一种说不出的紧张与恐惧，或难以忍受的不适感，主观感觉多为心悸、心慌、忧虑、沮丧、灰心、自卑，但又无法克服，整日忧心忡忡，似乎感到灾难临头，甚至还担心自己可能会因失去控制而精神错乱。整天愁眉不展、神色抑郁，似乎有无限的忧伤与哀愁，记忆力衰退，兴趣索然，注意力涣散；也常常会坐立不安，走来走去，抓耳挠腮，不能安静下来。

心理学研究表明，导致焦虑的原因既有心理因素，又有生理因素，同时，人的认知功能和社会环境也起重要作用。

现代社会，焦虑无处不在，上学时为成绩而焦虑，毕业时为就业而焦虑，大龄青年为找不到合适的结婚对象而焦虑，结了婚的人为婚外情而焦虑，职场中人为工作业绩上不去而焦虑，老师为学生成绩而焦虑，医生为手术而焦虑，老板为企业发展而焦虑……

总之，不同的人在为不同的事而担忧着，工作、健康、人际关系、自然灾害等给人们带来很多困扰和焦虑。法国社会学家文森·德·郭勒雅认为，现时代的人们生活在前所未有的孤独和焦虑之中。

生活中，心存焦虑的人随处可见，焦虑就像一层淡淡的阴云笼罩在人们的心头。而引起人们情绪焦虑的原因各种各样，例如工作、健康、对家人的担心等。

一位房地产的市场策划说："我过得很不开心，可能算是潜意识的焦虑，不开心就是因为工作压力大，公司接了个新的楼盘，要做大量的工作，还要做宣传。"

一位销售职员说："我经常要出去谈业务，总是感觉和客户沟通比较难，有时候，不经意的一件小事，就会得罪对方，总觉得自己很委屈。"

一位高三复读生说："我现在念高中复读班。其实去年的时候，我已经考上了在别人看来很不错的一所学校。可是，我最想上的是北大。现在离高考就剩3个月的时间了，我非常担心，万一我又考不上怎么办呢？"

一位母亲说："我一个人把儿子和女儿拉扯大，现在还是为他们担心，上学、工作、找对象，总是有操不完的心和无尽的烦恼。"

在日常生活中，我们的焦虑还有很多。比如，马路上汽车疾驰，你总担心汽车会撞上自己，因而紧张、害怕；看到别人工作业绩显著，你担心自己的职位受到影响，又是紧张、害怕；你刚进入一个新的环境，担心不被别人接纳，受到他人排挤，还是紧张、害怕……

现实中，人们都会有焦虑情绪，长期的焦虑会影响人们的正常生活，合适的自我缓解是让自己保持健康的秘诀。那么，该如何跳出焦虑的泥潭呢？

1. 知足常乐，保持良好的心态

当遇到不顺心的事时，不要过于追究自己的责任，不要把世界看成是完美无瑕的，要学会适时地调节自己。同时也要注意保持稳定的心态，完全没有必要为身边的小事而大喜大悲，不要让客观现实左右了自己的情感。

2. 不必庸人自扰，杞人忧天

职场白领有很多的事需要担心：工作会得到上司的肯定吗？上司要的报告今天赶不完怎么办？下午有个不太想见的客户要来，晚上请不请他吃饭等。其实，完全可以把其余的事情暂时搁在一边，全力以赴地对付今天的报告。何况，下午的客户还不一定来呢！即便来了，说不定他也有自己的安排。因此，要把心放宽。

3. 不要轻易地否定自己

你可能会觉得自己有很多缺点，像能力不足、做事粗心、不够专注，没能把握住晋升的机会等，这样一想便会沮丧至极。能够反思，固然是好事，但也不要总想着自己这也不行那也不会，这会无端增添压力。其实，也许别人眼中的你，是个做事干练、为人正直、脚踏实地的人呢？况且，很多缺点也可以转化成优点。

能够享受孤独是好事，但融入集体更温暖

在生活中，我们会发现有一些人做什么事情都是独来独往，他们不喜欢和别人在一起，即使你发出邀请，他们也会很干脆地拒绝。他们也许并不是拒绝和别人交往，他们可能只是缺乏社会交往技巧，不知道该怎么和别人交往。他们懒得说话，对周围的事不关心，似乎是听而不闻，视而不见，自己愿意怎样做就怎样做，毫无顾忌，周围发生什么事似乎都与他无关，也很难引起他的注意和兴趣。他们的目光经常变化，不易停留在别人要求他注意的事情上面，他们似乎生活在自己的小天地里。

一位职场人士向心理专家倾诉了自己心中的苦闷："最近我心情极度郁闷，觉得自己得了抑郁症。因为我小时候受过父母离异的打击，所以我有时特别不自信，总觉得有什么事情没做好。长大后遭受过失去至亲之人的痛苦，22岁第一次感受到生命的无常，体重曾从140斤掉至110斤。我20多岁孤身来到这个城市，到现在都没有朋友，感觉非常孤单。但在工作生活中别人都认为我是一个比较平和随意的人，只有我自己知晓自己的孤僻，不能真正融入其中。我

今年30了，结婚5年，妻子也在我身边，我们很少沟通，妻子对我很好，但我没有爱的欲望，我感觉我没有爱了。我时常在想，别人都说我很幸福，为何我自己就感觉不到幸福呢？我这次是在家里待的时间最长的一次，整整15天，不想看电视，不想与人联系，不想说话，我还有严重的神经衰弱。”

很显然，上述事例中的主人公有自我封闭的倾向。自我封闭心理实质上是一种心理防御机制，由个人在生活及成长过程中遇到一些挫折后引发的焦虑导致的。有些人抗挫能力较差，使得焦虑越积越多，他们只能以自我封闭的方式来回避环境以降低挫折感。另外，自我封闭心理与人格发展的某些偏差也有因果关系。

暂时的自我封闭有时也是一种休息、放松及宣泄。但是这种自闭只能是暂时的，如果长时间陷入其中，必然会导致心理的失衡。而且，长期的自我封闭会阻隔个人与社会的正常交往。处在封闭环境中的人通常感觉不到封闭，但精神会慢慢地萎靡，从而导致思维的僵滞。久而久之，就会令人变得冷漠无常，甚至心理扭曲。

在一家生物公司工作的小张和他的一位同事一起参加了优秀员工的角逐，但结果他落选了，他的同事被选上了。小张很不服气地说：“论能力，论口才，我哪一点比他差？结果却是他选上了，我落榜了，不就是因为那个副经理是他老乡吗？有什么了不起！”于是，以后的其他活动他都不屑参加。

在社会里，经历小张这般遭遇的人为数不少。起初，他们都是抱着满腔热忱，想在工作中大展身手，但有些人往往经受不住失败，受了点儿小挫折就自暴自弃，甚至心如死灰……要知道，如果一遇到挫折就怨天尤人、一蹶不振，就会很容易走向自我封闭。

自我封闭的心理在不同时期、不同年龄层的人中都可能出现，其症状特点有：不愿意与人沟通、害怕和人交流、讨厌与人交谈，躲避社会，远离生活，精神压抑，对周围环境敏感。由于他们自我封闭，所有常常忍受着难以名状的孤独寂寞。然而，如果一个人总是将自己封闭在一个狭窄的圈子内，对自己对社会都没有好处，因此我们一定要走出自我封闭的心理怪圈。

自我封闭是自我囚禁的牢笼，是对自己融入群体的机会的封杀。自我封闭不仅让自己失去对生活的信心，而且严重地腐蚀心灵，导致做事情消极萎靡，心灰意冷。因此，人们要走出自我封闭，让心灵在蓝天白云下自由健康地呼吸。

拿出信心，清除心中的恐惧

人的情感是多种多样的，恐惧就是其中一种，也是非常难以克服的一种。没有一个人是一直一帆风顺、称心如意的，很多人都不得不面对这样那样的困难。有些人在知道了这个困难有可能会给自己带来灾难的时候，就会非常害怕，甚至寝食难安。严重的还可能惊慌失措，选择结束自己的生命。其实，当人们经历困难和危险的时候，最好的方法就是勇于挑战，把所有的事情都当作上天对自己的“恩赐”，不经历风雨，怎么见彩虹？而且也要时常进行积极的自我心理暗示，上天想要让一个人成功“必先苦其心志，劳其筋骨，饿其体肤”，只要乐观面对，什么问题都能解决。其实事实证明，当遭受恐惧的时候，可怕的并不是让人恐惧的东西，而是恐惧本身。

梅林每当看到密集的人群就会惊恐得全身发抖，额头上会冒出很多冷汗。有一次，她走进位于市中心的一个开阔的广场，看到陌生人群向自己涌来时突然感到内心恐慌，脸色霎时变得面无血色，汗珠一直不停地从她的脸上滚落。行人见她脸色惨白，步伐不稳，赶紧扶住了她，才使她免于晕倒。

罗斯每天上班都感到分外压抑，原因是办公室的楼层太高，窗户是全封闭式的，整个办公室形成了一个密闭空间，起初他只是有点不适应，后来发展成一进办公室就感到莫名紧张，手心里不停地冒汗。下班回家的途中，他对封闭性较强的公交车也产生了恐惧心理，每天都要等好几趟车，直到等到乘客很少的老式公交车才能放心乘坐。

梅林得的是典型的人群恐惧症，而罗斯则患有幽闭恐惧症。除了这两类恐惧症外，有的人存在社交障碍，总担心自己会成为别人取笑的对象，不敢当众发言，不愿与人近距离接触，在别人的注视下会变得局促不安，时常刻意回避别人的目光，排斥所有热闹的聚会。这些人通常不善辞令，个性较为内敛害羞，内心异常敏感，他们交友困难，社交生活和事业因此会受到很大影响。

Facebook的创始人马克·扎克伯格患有严重的社交恐惧症，他成名之后拒绝公开演讲，而且从不接受任何访谈类节目。在公众眼里他是一个不善言谈的电脑奇才，甚至他的哈佛校友对他都知之甚少，只是觉得他有些自闭，整天沉溺于编程，喜欢穿着自己钟爱的T恤在校园里散步，讲话语速很慢，好像一部运行不灵活的机器。

相较于社交恐惧症，特定恐惧症显得更为普遍，每个人几乎都有惧怕的东西，有的人怕锋利的物体，有的人怕火，有的人对蜘蛛、昆虫感到恐惧，有的人身处黑暗的环境中或站在高处会感到恐慌，但有时过分的恐惧会让人处于担惊受怕的精神状态中，引起心慌、忧虑等不良反应，情况严重时还会引发其他的身心疾病。

美国第一任总统乔治·华盛顿在时任大陆军总司令时，在战场上无比英勇，他曾冒着硝烟炮火拯救过他人性命，然而这位纵横军政的传奇人物，也有自己的弱点——害怕被活埋。临终时他再三嘱咐身边的人一定要在他死后3天才能将其下葬，以防他还活着却被埋葬了。

不可一世的拿破仑·波拿巴非常怕猫，每次看到猫他的后背都会发冷。有一次一只小猫溜进了他的卧室，这位战果辉煌的欧洲霸主竟然吓得大喊救命。副官不知道发生了什么事，慌忙冲进他的卧室查看情况。只见拿破仑·波拿巴赤膊举剑向布幔挥去，已经汗如雨下，副官定睛一看，才发现闯祸的原来是只小猫。

大导演伍迪·艾伦恐高，对电梯和隧道也非常恐惧，看到昆虫和狗也会感到心慌，这些还是比较常见的恐惧，他还有一些恐惧的东西却着实令人费解，比如他怕阳光，艳丽的颜色和花生酱也会让他感到不适，连天真的儿童和温顺的鹿都让他感到害怕。除了曼哈顿让他感觉安全和舒适外，其他的任何地方他都不愿停留。

要想消除恐惧，就需要有勇敢的思想和坚定的信心。它们能够中和恐惧，减少或者消除恐惧的危害。我们应该都有这样的感受：无论是工作中还是生活中，如果一个人总是心神不定、过分忧虑，他是不可能做好事情的。即使是在做事情，也很难做到最好。

有恐惧感的人往往也会有软弱感，他们做事情会觉得力不从心。为什么会这样呢？原因很简单，他们的思想意识与体内的能量不是同步的，而是处于分离的状态。如果他们能重新感到心力交融带给自己的快感和满足感，那么他们的心态就会越来越平和，在那个时候，他们也许会感叹“人生真是太美好了”。如果这种状态一直保持下去，相信他们会越来越自信。

那些长期不安或者恐惧的人经常处于精神紧张的状态，如果想要克服这种状态，最好的方法就是勇于作为，它能帮助人们从行动中获得活力与生气，恐惧心理也就渐渐被克服了。只要能够迈开第一步，相信此后再出现恐惧的情绪都不会感到烦恼，而且也会知道如何消除它。

产生恐惧并不会对他人产生影响，因为最大的受害者是自己。如果你时时被恐惧感围绕，你会逐渐丧失自信心或者战斗力，更可怕的是你还可能被根本不存在的危险伤害。如果在恐惧袭来的时候能够保持镇定，并且勇于消除它，那么你就能把恐惧心理造成的伤害降到最低。因此，当你出现这种心理的时候，千万不能惊慌，更不要乱了阵脚，而是要相信勇者无畏，只有这样，你才能克服心理障碍，最终走向成功。

其实，战胜恐惧是一件非常容易的事情，只要你的意识中想去做，就已经是迈出了第一步。消除自身的恐惧不能过分期望依靠别人，而是要将希望寄托在自己身上，勇于向前，将各种困难踩在脚下，做最好的自己。

坚信自己总有一天会成功

布鲁克斯说："只要你坚信自己行，只要你的目标不是过分地高，就算你经历再多的挫折，也会有成功的一天。"在这个世界上，多数人观望，少数人行动；多数行动的人失败，少数行动的人成功。这是不是意味着，获得成功是一件艰难至极的事？当然不是，有时候能不能成功，完全在于你是否对自己有信心。

有一个12岁的少年，突然得了一种眼部疾病，并有极大的几率会失明。他的家人把他送进医院治疗，但无论哪种治疗方案，成功率都不是很高。

少年的意志随着治疗效果的微弱而日渐消沉，母亲看在眼里，急在心上。有一天，母亲看见他靠在窗边，透过狭小的窗户向外张望。外面是一大片花园，还有灿烂的阳光，几位满头银丝的老人坐在花园中看着幼小的孩童嬉笑打闹，画面温馨而富有活力。少年眼中流露出了深深的眷恋。

母亲看到这种情况，便带着他来到花园里。孩子们好奇地围了过来，老人们笑着打招呼，还有人热心地为少年让了座。

有一位老人问他得了什么病。他腼腆地笑笑，说了出来。另一位老人惊讶地说："我老伴以前也得过这种病，不过早就好了！这种病确实难以治疗，但也并没有想象中那么难，只要你保持乐观的心态，每天来和我们一起聊天，和孩子们一起玩耍，心情舒畅了，自然就会好得快了。"

少年半信半疑，但还是接受老人的邀请。每天治疗完成之后就自己去花园里找他们一起玩耍聊天。过了一段时间，少年果真有了活下去的勇气，气色和心态都大有改观，病情也慢慢好了起来。

母亲为了感谢老人，特意去探望，却发现老人的老伴很早就过世了，她也确实得了那种病，但自己觉得前路无望，谁的开解都听不进去，最后郁郁而终。老人说："对自己有信心，才能战胜那些看似很难战胜的困难。"

同样的病，却由于心态的不同出现了截然不同的两种结局，令人深思。

罗斯福年轻时，洒脱俊秀，才华横溢，深受人们爱戴。1921年，罗斯福在加拿大一小岛上度假，参与了一场灭火救援，过度劳累后又在冰冷的湖水中游泳，第二天突然觉得腿部麻木，动弹不得，经过迅速抢救才避免了一场悲剧的发生。但大夫抢救后告诉罗斯福，他得了"小儿麻痹症"，大夫对他说："这可能会严重影响您正常行走。"罗斯福并未被大夫的话吓倒，反而笑呵呵地对大夫说："我不信这能整倒我，我要战胜它！"

竞选总统时，罗斯福对助手说：“请安排一个大大的讲台，我要让所有的选民看到我这个患小儿麻痹症的人可以自己走上台演讲，完全不需要依靠手杖和轮椅！”当天，他穿着笔挺的西装，眼神充满自信地从后台走上演讲台。他的每一步都仿佛在告诉全世界，自己要成为总统的决心到底有多坚定！

后来，罗斯福果然成为美国政治史上唯一一个蝉联四届的伟大总统。

“我能行”“我可以”……拥有这样的自信正是很多人成功的因素。要知道，每一个人的每一种行为都取决于他对自己行为技能的预期和信念。

这就意味着，在条件相近的情况下，那些对自己能力有信心的人往往会坚持得更长久，也更有可能获得成功！